鉄道車両
色見本帳

4　第三セクター鉄道
路面電車・専用線編

鉄研三田会

はじめに

慶應義塾大学鉄道研究会創立70周年事業として始めたこの鉄道車両色見本帳は2005年に第1巻国鉄・ＪＲ編を出版しました．その後，2009年に第2巻大手私鉄・地下鉄編を，2018年には第3巻地方私鉄編を出版しましたが，このたびシリーズの最後として第三セクター鉄道・路面電車・専用線編を出版する運びとなりました．本書はケーブルカーを除く国内の2本のレールを走る鉄道車両すべてを対象としてその色の違いをまとめておりますが，広告車両は省いております．

第1巻を出してから16年後にしてようやく完結したわけですが，この間に新しい車両や塗色が変わった車両も多く登場し，思いのほかボリュームが増えてしまいました．この第4巻では普段あまり目にすることもない専用線の車両も可能な限り掲載しました．特に炭砿などで働くトロッコについても極力掲載しました．

第三セクター鉄道や路面電車では同じ形式でも1両ごとに色が異なるものもあり，また時期により頻繁に塗色を変更しているものもあります．近年は塗装ではなくラッピングによって非常に複雑なデザインも可能となりました．ラッピングは本書に入れるべきかどうか悩みましたが，記録として残しておこうと考えました．また，模型づくりの方に参考となるよう写真もなるべく大きくしました．これだけ多くの写真を集められたのもいろいろな分野を得意とする会員がいる当会の力の賜物ではないかと思います．

本シリーズ全4巻を通して我が国の鉄道車両はいかにカラフルなものかということを感じ取っていただければ幸いです．

2021年春

鉄研三田会　会長

後藤文男

目　次

第三セクター鉄道

路面電車

専用線

CR70形　池田　1998-7　高井薫平
1989年6月JR北海道の池北線を引き継いだ際製造された　当鉄道は2006年に廃止された

北海道ちほく高原鉄道

CR75形　池田　2006-4　寺田裕一
1989年に製造された　CR70形とは自動販売機が設置された以外は同じ仕様　写真は2001年に2・3に銀河鉄道999のラッピングがされた営業最終日の臨時列車

第三セクター鉄道

キハ 40 1815
函館　2020-9　寺田裕一
当鉄道は 2016 年北海道新幹線開業時に JR 北海道から江差線を引き継いだものでキハ 40 形 1700 番台が 9 両譲渡された 1815 は 2017 年に白色になり“稗”と呼ばれている　側面のラインは函館山のシルエットを表す

道南いさりび鉄道

キハ 40 1796
JR 北海道・函館
2020-8
田中信吾
1796 は 2017 年に臙脂色になり“豊穣”と呼ばれている

キハ 40 1810
函館　2020-8　田中信吾
1810 は 2017 年に濃緑色になり“夏木立”と呼ばれている

キハ 40 1814
渡島当別　2018-5　寺田裕一
1814 は 2016 年に 1812 は 2017 年 12 月にそれぞれ山吹色になり“咲初”と呼ばれている

キハ 40 1799
上磯　2019-4
寺田裕一
1799 は三セク転換当初から観光列車“ながまれ”となった

キハ 40 1798
上磯　2019-5
寺田裕一
1798 は 2019 年に国鉄急行色に塗られた

キハ 40 1807　上磯　2019-5　寺田裕一
1807 は 2018 年に国鉄首都圏色に塗られた

キハ 40 1815　釜谷　2017-5　寺田裕一
開業当初から 2017 年まで JR 北海道色のまま使用された

701系　　青森　2011-6　木村和男
当鉄道は2002年東北新幹線盛岡－八戸間開業に伴い東北本線目時－八戸間をさらに2010年新幹線新青森延長に際して八戸－青森間も引継いだ　写真の編成は2010年にJR東日本から701系1000番代を譲受けたもの

青い森鉄道

703系
八戸　2017-8
寺田裕一
2013年登場　JR東日本E721系と同仕様である

701系700-7　　701-7　　野辺地　2020-10　藤岡雄一
2019年三戸町による“11ぴきのねこラッピングトレイン”が盛岡－青森間で運行されている

キハ10形102
七戸　1985-9
亀井秀夫
1962年に製造されたいわゆるレールバス　当鉄道は1962年に開業したが1966年に会社更生法が適用され倒産　倒産後も営業は続けられたが1997年に営業休止となり2002年に廃止された

南部縦貫鉄道

キハ10形104
七戸　1997-5
佐藤一郎
1980年に国鉄からキハ10形45の払下げを受けた　一時期は朝夕の通学輸送時間帯に使用された

D45形45
坪川ー道ノ上
1976-5
後藤文男
1962年に日立製作所で製造され1984年まで貨物輸送に活躍した

岩手開発鉄道

キハ200形202
盛　1977-7　木村和男
1968年に新潟鐵工所で製造された12m車で1997年に廃車となった　当鉄道は1950年に開業しセメントや石灰石を輸送していた　1960年の全通後に旅客輸送も行ったが1992年に旅客営業が廃止され現在は貨物専業となった

キハ300形301
盛　1977-7　木村和男
旅客営業を廃止した夕張鉄道から1975年にキハ200形を譲受けた

DD56形51
盛　2010-6
藤岡雄一
1968年新潟鐵工所で製造された　当初は自重が53tだったためDD53形とされたが1979年にエンジンが換装され56tとなったのでDD56形50番代に改番された

八戸臨海鉄道

DD56 形 56 2
八戸機関区　2009-6
高井薫平
1970 年に汽車会社で製造されたもので自重 56t

DD56 形 56 3
八戸貨物－北沼　2008-6
亀井秀夫
1981 年に川崎重工で製造されたもので自重 56t　ウミネコが描かれている

DD56 形 56 4
北沼　2015-9　寺田裕一
2014 年に北陸重機工業で製造されたもので自重 56t

DD16 形 16 303　　北沼　2010-6　藤岡雄一
2009 年に JR 東日本から DD16 形 303 を譲受けたもの

ホキ 1734　　八戸貨物　2010-6　藤岡雄一
2003 年 JR 東日本からホキ 800 形を 4 両譲り受けたもので当鉄道の車籍で青い森鉄道と IGR いわて銀河鉄道の保線用に使われている

36-200形 36-209　宮古　2010-6　藤岡雄一
当鉄道は1984年4月旧国鉄久慈線・宮古線・盛線を引継ぐとともに吉浜ー釜石間および田老ー普代間を新たに開通させたが2019年3月にJR山田線が移管され盛ー久慈間がつながった　この車両は基本的に36-100形と同じであるが車内に飲料水自動販売機が置かれている

三陸鉄道

36-100形 36-102　宮古　2012-10　寺田裕一
“てをつなごうだいさくせん”のラッピング車でいろんなキャラクターが描かれている

36-100形 36-109　久慈　2018-10　田中信吾
“かいけつゾロリ大冒険号”のラッピング車　36-100形は1984年開業時に10両製造された

36-100形 36-101　久慈　2012-10　寺田裕一
三陸鉄道を応援する“キット, ずっとプロジェクト”による“キット，ずっと号”のラッピング車

36-2100形 36-2110　久慈　2014-2　安藤　誠
36-100形110の室内を改造したもので掘りごたつと畳敷に変えられた　“さんりく・しおかぜ”といわれていたが2016年に廃車された

36-1100形 36-1107　久慈　2011-9　寺田裕一
2001年から翌年にかけて36-100形の車内設備を改装したもので1106と1107はこの塗装となった　2014年に廃車された

36-1200形 36-1206　綾里　2005-8　山田　亮
2000年から翌年にかけて36-200形の車内設備を改装したもので2009年に廃車された

36-700形
36-702
久慈
2018-10
田中信吾
2011年東日本大震災で廃車となった車両の代わりに2013年に製造された

36-R形 36-R2　久慈　2018-10　田中信吾
2005年に製造された36-600形を2014年に電気指令ブレーキに変更し形式が変わった

36-Z1形 36-Z1　宮古　2019-6　安藤　誠
2014年に製造されたお座敷車両

36-300 形・400 形 36-301・36-401　岩泉小本付近　2002-9　太田正行
1989 年横浜博覧会で使われた車両を 1990 年に購入したもので 301・401 はこの塗装であった　2004 年に廃車されミャンマーに送られた

36-300 形・400 形
36-302・36-402
堀内－白井海岸
2002-9
太田正行
302・402 は“くろしお”の愛称でこの色に塗られていた　2006 年に廃車された

IGR いわて銀河鉄道

IGR7000 系
盛岡　2003-8
高井薫平
当鉄道は 2002 年東北新幹線盛岡－八戸間開業に伴い東北本線盛岡－目時間を引継いだものである　写真の 100 番代は 2002 年開業にあわせて登場したもので青い森鉄道 701 系と同じく JR 東日本 701 系と同仕様である　他に JR 東日本から 701 系を譲受けた 0 番台がある

秋田臨海鉄道

DD56 形 56 2
秋田港　2017-8
田中信吾
1971 年日本車輛で製造された

DD56 形 56 1
秋田港　2007-5
寺田裕一
1970 年日本車輛で製造された　2011 年に国鉄色に変更された

DE65 形 65 2
秋田港　2007-5
寺田裕一
2002 年に廃止された新潟臨海鉄道から 2003 年に譲受けた　2011 年から仙台臨海鉄道に貸出され 2017 年に譲渡された

DE10 形 1251
秋田港　2017-8
田中信吾
2016 年に JR 北海道から DE15 形 2526 を譲受けた

キハ22形

阿仁前田－桂瀬　1987-4　寺田裕一

当鉄道は1986年旧国鉄角館線および阿仁合線を引継いだもので1989年に両線を結ぶ新線が完成し直通運転が行われるようになった　1986年国鉄からキハ22形を9両借入れ塗色変更のうえ使われたがAN-8800形導入により返還された

秋田内陸縦貫鉄道

AN-8800形8802
阿仁合　2003-7
高井薫平
1988年9両製造された　写真は登場時の塗色で現在は8804を除いて1両ごとに異なる色となった

AN-8800形8809　阿仁合　2006-8　寺田裕一

AN-8800形8801　大野台－合川　2006-8　寺田裕一

AN-8800 形 8807　阿仁合　2006-8　寺田裕一

AN-8800 形 8802　阿仁前田　2010-6　藤岡雄一

AN-8800 形 8803　阿仁合　2010-6　藤岡雄一

AN8800 形 8803　桂瀬　2018-4　寺田裕一
2018 年前面に猫の顔が描かれた“ねこっこ列車”

AN-8800 形 8801　阿仁合　2017-8　田中信吾
“内陸線アートラッピング”と呼ばれ両サイドでラッピングが異なる

AN-8800 形 8808　　阿仁合　2010-6　藤岡雄一
貸切・イベント用に使われる

AN-8800 形 8801　　萱草－荒瀬　2018-4　寺田裕一
“秋田犬っこ列車”

AN-8800 形 8807　　阿仁合　2017-8　田中信吾
“秋田犬っこ列車”

AN-8800 形 8806　　阿仁合　2017-8　田中信吾
“秋田犬っこ列車”

AN-8800 形 8802　　前田南－小渕　2018-5　寺田裕一
“秋田犬っこ列車”

AN-8800 形 8805　　角館　2020-9　寺田裕一
“秋田犬っこ列車”

AN-8900 形 8904　　阿仁合　2003-7　高井薫平
1989 年に急行用として製造された

AN-8900 形 8901　　鷹巣　2018-4　寺田裕一
1989 年に急行用として製造されたが 2006 年に使われなくなり 2012 年に解体された

AN-2000 形 2001　　阿仁合　2003-7　高井薫平
2000 年に製造　団体専用車として使われている

AN-8900 形 8905　　阿仁合　2004-7　亀山雄高
1989 年に急行用として製造された

KD95形　栗駒－栗原田町　2006-4　寺田裕一
1995年登場　当鉄道は1993年に栗原電鉄が第三セクター化され1995年に社名が変更され非電化となったが2007年に廃止された

くりはら田園鉄道

KD10形 11
若柳 2000-4　寺田裕一
もと名鉄キハ10形で1995年に譲受けた

DB10形 101
若柳　2005-8　亀山雄高
石越駅で入換用として使われていた

由利高原鉄道

YR-1000形 1004
羽後本荘　1988-10
岡崎利生
当鉄道は1985年に旧国鉄矢島線を引継いだものでこの車両は開業時に登場したもの

YR-1500形 1503
羽後本荘　2006-5
高井薫平
YR-1000形を2001年から2003年にかけて改造したものでエンジン交換および冷房化がなされた

YR-2000形 2002
2000年に登場　2002には鳥海山が描かれた

矢島　2006-5　高井薫平

YR-2000 形 2001　矢島　2017-8　田中信吾
2016 年から 2018 年まで池田修三の作品がラッピングされたが両側で異なっていた

YR-2000 形 2001
前郷　2012-4
寺田裕一
2011 年から 2014 年まで“宇宙戦艦ヤマト”のラッピングがされた

YR-2000 形 2001
矢島　2015-10
亀井秀夫
2014 年から 2016 年まで漫画“ゆりてつ 私立百合ヶ咲女子高鉄道部”とのコラボでラッピングがされた

YR-2000形
2001
矢島　2020-8
田中信吾
2018年鳥海おもちゃ列車“なかよしこよし”となった

YR-3000形 3001　前郷　2012-4　寺田裕一
2012年登場　1両ごとに色が異なる

YR-3000形 3002　薬師堂　2013-3　佐藤佳昭
2013年登場

YR-3000形 3003　矢島　2015-10　亀井秀夫
2014年登場

YR-880 形　　荒砥　1989-5　志村聡司
1988 年開業に際して製造された　当鉄道は旧国鉄長井線を引継いだものである

山形鉄道

YR-880 形 887　　赤湯　2017-4　寺田裕一
2017 年から東北各地の“鉄道むすめ”のラッピングがなされている

YR-880 形 882　　荒砥　2017-5　田中信吾
2017 年にロングシート化されテーブルが置かれ食堂車“花結びより”となった

YR-880 形 884
荒砥　2017-5
田中信吾
南陽市の千本桜をイメージしたもの

YR-880 形 886
荒砥　2017-5
田中信吾
長井市のあやめをイメージしたもの

YR-880 形 888
荒砥　2017-5
田中信吾
川西町のダリヤをイメージしたもの

YR-880 形 883
赤湯　2017-4
寺田裕一
紅花のラッピングがなされた

仙台臨海鉄道

SD55 形 102
仙台港　2003-3　田中信吾
1971 年新潟鐵工で製造された　写真は 1990 年代からの新標準色　2011 年東日本大震災で被災し廃車された

SD55 形 104
仙台港　2014-12　坂戸宏太
2012 年京葉臨海鉄道から KD55 105 を譲受けたもので現在は ATS が付けられ 105 に改番されている

DD55 形 11
仙台港　2003-3　田中信吾
1983 年国鉄から DD13 形 112 の払下げを受けた　写真は 1980 年代までの旧標準色　2003 年に廃車された

DE65 形 2
仙台港　2017-5　田中信吾
2017 年秋田臨海鉄道から譲受けた

SAT721 系　　名取　2007-3　岡崎利生

当鉄道は JR 東日本・東北本線名取と仙台空港を結ぶもので 2007 年に開業し全列車が仙台に乗入れている　この車両は 2007 年に製造されたが JR 東日本 E721 系 500 番台と同仕様である

仙台空港鉄道

SAT72　　JR 東日本・仙台　2012-3　寺田裕一

東日本大震災後の全線運転再開を記念したトレインお絵描きコンクール大賞作品をモチーフとした“お絵描ラッピング電車”

阿武隈急行

キハ22形
丸森　1988-5　岡崎利生
当鉄道は国鉄丸森線および日本鉄道建設公団の建設線を引継いだもので1986年槻木－丸森間が非電化で開業　1986年国鉄からキハ22形を5両借受けて暫定開業したが1988年8100系投入によりJR東日本に返還された

8100系
梁川車両基地
2012-5　亀井秀夫
1988年丸森－福島間が完成し全線交流電化された　この車両は1988年に登場した

A417系
梁川車両基地
2011-10　亀井秀夫
2008年にJR東日本から417系を譲受けたが2016年に廃車された

8100系
AM8109編成
槻木
2020-9
寺田裕一
2016年“伊達なトレインプロジェクト”のラッピングがなされた“政宗ブルーライナー”

AB900系
AB-1編成
富野　2020-1
寺田裕一
2019年に登場
JR東日本E721系を基本としている

AB900系
AB-2編成
槻木　2020-10
寺田裕一
2020年登場　前面および側面の色が緑になった

福島臨海鉄道

DD55形31
小名浜　2017-5　田中信吾
1973年新潟鐵工製　2012年機関換装によりDD55 3から現在の番号に改番された

DD55形1
小名浜　2010-4　寺田裕一
1966年富士重工製　2006年に廃車された

DD55形2
泉　2003-3　田中信吾
1970年新潟鐵工製　現在はDD55 31と同じ塗装となっている

DD35形1　宮下　2003-3　田中信吾
1962年富士重工製で2002年に廃車された　写真は廃車後留置されていたもの

貨車移動機　小名浜　2003-3　田中信吾
1975年協三工業製で国鉄から払下げを受けた

鹿島臨海鉄道

キハ 1000 形
神栖－鹿島港南　1980-8　木村和男
当鉄道は 1970 年に開業したが当初は北鹿島－奥野谷浜間の貨物専業だった　この車両は 1978 年鹿島臨港線北鹿島－鹿島港南で旅客営業を始めるに際し国鉄からキハ 10 形の払下げを受けたもの　1983 年同線の旅客営業が廃止され翌年廃車された

2000 形 2001
大洗　1985-8　岡崎利生
1984 年国鉄からキハ 20 形を譲受けたもので 1989 年から 1991 年にかけて茨城交通に譲渡された

6000 形 6004
神栖車両区　1987-2　亀井秀夫
この車両は 1985 年に北鹿島－水戸間の旅客営業を開始した際に登場したものでセミクロスシート車でクロス部は転換クロスシートが使われている

6000形6008　　大洗　2010-3　木村和男
合理化のため窓周りが赤となった

8000形8002　　大洗　2017-11　西明義裕
2016年登場のロングシート車

7000形 7002-7001　神栖車両区　2011-9　亀井秀夫
1992年に登場したクロスシート車で快速“マリンライナーはまなす”に使用されたが快速廃止後はあまり使われることなく2015年に廃車された

KRD64形 64-2
神栖車両区
2012-2
藤岡雄一
2009年日本車輌製の64t機

KRD形 4
神栖車両区
1987-2
亀井秀夫
1977年日本車輌製の56t機　2011年に廃車された

会津鉄道

AT-100 形 104
湯野上温泉　1995-8
太田正行
当鉄道は JR 東日本会津線を引継いだものでこの車両は 1987 年開業に際して製造された

AT-200 形 201　会津田島　2002-3　岡崎利生
1987 年に製造されたオールクロスシート車

AT-100 形 101　会津田島　2000-8　後藤文男
新塗装

AT-100 形 103　湯野上温泉　2000-8　後藤文男
2000 年にお座敷車両に改造され 2016 年まで使用された

AT-300 形 301　湯野上温泉　2000-8　後藤文男
JR 東日本からキハ 30 形 18 を譲受け 1999 年トロッコ形に改造し 2009 年まで使われた

AT-400形401
芦ノ牧温泉
2010-4
寺田裕一
JR東日本からキハ40形511を譲受け2003年に展望車に改造した

AT-350形351
湯野上温泉
2011-9
寺田裕一
AT-300形の代わりに2009年に製造されたトロッコ形車両

AT-650形651　あまや　2008-11　岡崎利生
2006年に製造された

AT-550形551　あまや　2008-11　岡崎利生
2004年に製造された　車体には野口英世が母にあてた手紙のラッピングがされている

AT-550形552
湯野上温泉　2007-2
坂戸宏太
2004年新千円札に野口英世の肖像が採用されたことを記念したラッピングがされた

AT-550形551
会津田島　2019-8
寺田裕一
2018年"南会津子供プロデュース号"となった

AT-500形502
湯野上温泉　2016-10
寺田裕一
2014年から"花咲くあいづ号"となった

キハ8500系8502-8503
大川ダム公園　2005-5
高井薫平
2002年に名鉄からキハ8500系を譲り受けた　おもに快速“AIZUマウントエクスプレス”に使われたが2010年に廃車され2015年にマレーシアに譲渡された

AT-750形751
東武・東武日光　2018-7
岡崎利生
2010年に製造された快速用の車両で座席は回転リクライニングシートである　東武日光まで乗り入れている

6050系200番代
1990年に製造されたもので東武6050系と同一である

東武・板荷ー明神　2009-12　木村和男

6050系 100番代　　東武・北鹿沼－板荷　2011-12　木村和男
当鉄道は日本鉄道建設公団が建設していた野岩線を引受けたもので1986年に開業した　この車両は1985年から1988年にかけて製造されたもので東武6050系と同一である

野岩鉄道

埼玉高速鉄道

2000系　　東急・田園調布－多摩川　2007-10　北川将吾
2001年の開業にあわせて2000年から2001年にかけて製造された

横浜高速鉄道

Y000 系 Y012-Y002
　恩田ーこどもの国　2000-5　荻原俊夫
1999 年に製造されたものでこどもの国線専用である　当線は 1997 年にこどもの国線を通勤化するためこどもの国協会から施設を譲り受けたものである

Y000 系 Y003-Y013
　恩田ーこどもの国　2019-2　荻原俊夫
2018 年 003 が牛柄にラッピングされた

Y000 系 Y012-Y002
　恩田ーこどもの国　2020-5　田中信吾
2020 年 002 が羊柄にラッピングされた

Y500 系
妙蓮寺付近
2004-4
　隅田　衷
2004 年みなとみらい線開業にあわせて登場した　東急 5050 系と同一設計である

TX1000 系
流山セントラル
パーク
2010-8　木村和男
2003 年から 2005
年にかけて製造さ
れた直流専用車
同時に登場した交
直両用車 2000 系
も同一である

首都圏新都市鉄道

TX2000 系
つくばエクスプレス総合基地
2010-11　亀井秀夫
2008 年から増備された車両
は前面と側面にオレンジの帯
が付けられた

TX3000 系　北千住　2020-8　木村和男
2019 年に登場した車両で扉部分が青くなっている

軌道検測車
つくばエクスプレス総合基地　2009-11　由上啓一

70-000 形　　JR 東日本・池袋－新宿　2007-2　後藤文男
1995 年から 2004 年にかけて製造された　JR 東日本 209 系を基本としている

東京臨海高速鉄道

70-000 形 70-070
JR 東日本・池袋－新宿　2011-9
木村和男
開業 15 周年記念のラッピング車（新木場方）

70-000 形 70-079　　JR 東日本・池袋－新宿　2011-8　岡崎利生
開業 15 周年記念のラッピング車（大宮方）

3100形
千葉中央　1998-8
岩本秀治
当鉄道は1992年に千葉中央－ちはら台間が開通したが債務超過により1998年に京成電鉄に路線譲渡され会社は清算された
当形式は1996年から1998年まで京成から3100形をリースしたもの

千葉急行電鉄

1000形
千葉中央　1993-10
井上忠夫
1992年から1994年にかけて京急車両工業から京成にリースされた車両を転借したもの

芝山鉄道

3600形
京成・谷津－京成津田沼　2006-4
矢崎康雄
当鉄道は2002年に東成田－芝山千代田間が開業した 2002年から2013年にかけて京成から3600形をリースしたが2013年からは3500形に変わった

1000 形　　営団・南行徳　2000-7　岡崎利生
当鉄道は 1996 年西船橋－東葉勝田台間が開業した　車両は営団（現東京メトロ）から 5000 系を譲受けたもので 2006 年まで使用された

東葉高速鉄道

2000 系　　東京メトロ・西葛西　2007-3　矢崎康雄
2004 年から製造されたもので東京メトロ 05 系と同一設計である

7000形　千葉ニュータウン中央－印西牧の原　2003-12　矢崎康雄
当鉄道は1979年北初富－小室間が開業　これに備えて製造されたのが当車両で2007年に廃車された

北総鉄道

7150形　小室－千葉ニュータウン中央　1992-11　岡崎利生
1991年京急から1000形を譲受けたが1998年に廃車された

7300形
京急・新馬場　2010-5
木村和男
1991年に登場した　京成3700形と同一設計である　他に京成3700形のリース車両もある

7260形
東松戸　2010-7
木村和男
2006年から2015年まで京成から3300形をリースしたもの

7500形
千葉ニュータウン中央－印西牧の原
2007-2　岡崎利生
2006年に登場した　京成3000形と同一設計である

いすみ200形206
大多喜　2008-10　藤岡雄一
当鉄道はJR東日本木原線を1988年に引継いだもので開業時に登場したもと“いすみ100形”でセミクロスシートからロングシート化され“いすみ200形”となった

いすみ鉄道

いすみ200形202
大多喜　2011-8　岡崎利生
“ムーミン”のステッカーが貼られていた

いすみ300形301
大多喜　2018-6
田中信吾
2012年に登場したセミクロスシート車

いすみ 350 形 352　　大多喜　2018-6　田中信吾
2013 年に登場したロングシート車　車体は国鉄キハ 20 形をモチーフにしている

キハ 20 形 1303
大多喜　2018-6
田中信吾
2015 年に登場したセミクロスシート車　塗色は国鉄色となった

キハ 30 形 62　　国吉　2018-6　田中信吾
2013 年に JR 東日本から譲受けたもので車籍はない

工事用モーターカー　　大多喜　2018-6　田中信吾

キハ52形125
大多喜　2011-8　寺田裕一
2010年JR西日本からキハ52形125を譲受けた

キハ52形125
大多喜
2018-6
田中信吾
2014年に国鉄首都圏色に塗替えられた

キハ28形2346
大多喜
2018-6
田中信吾
2012年にJR西日本からキハ28形2346を譲受けたもので国鉄急行色に戻された

真岡鐵道

モオカ63形6
益子　1999-4
高井薫平
当鉄道は1988年にJR東日本真岡線を引継いだもので当車両は開業に際して投入された　2006年に廃車された

モオカ14形3
2002年に登場
真岡機関区　2011-9　亀井秀夫

TMC300形
真岡　2018-12　田中信吾
保守用・工事用の軌道モータカー

DD13形55
下館　2001-7
田中信吾
1992年に神奈川臨海鉄道からDD55 4を譲受けた　蒸機列車の補機として使われたが2004年に廃車された

DE10形1535
下館　2011-8
寺田裕一
2004年JR東日本からDE10形1535を譲受けたもので蒸機列車の回送用として使われている

C12形66
茂木　2011-8
寺田裕一
福島県伊達郡川俣町で保存されていたものを真岡線SL運行協議会が譲り受けJR東日本大宮工場で整備し1994年から客車を牽引している

C12 66の引く列車
茂木ー天矢場
2006-1　高井薫平

オハ50形22
下館　2001-7
田中信吾
1993年JR東日本から2両譲受けた　当初帯色は白で茶色も黒に近いものだった

オハフ50形33
真岡　2018-12
田中信吾
1993年オハ50形とともにJR東日本から譲受けた　2010年に塗装変更され帯色は赤に茶色も明るくなった

わ 89-200 形 202
沢入　2003-5
後藤文男
当鉄道は 1989 年 JR 東日本足尾線を引継いだもので本形式は開業に伴い登場した

わたらせ渓谷鐵道

わ 89-200 形 201
水沼　1989-11　寺田裕一
“くろび”の愛称が付けられた
2010 年に廃車された

わ 89-200 形 203
相老　1990-11　岡崎利生
“あづま”の愛称が付けられた
2009 年に廃車された

わ89-100形101
沢入　1992-9
西明義裕
“こうしん”の愛称が付けられた 2013年に廃車された

WKT500形 501
大間々　2011-8
寺田裕一
2011年登場“けさまる”の愛称が付けられた

WKT550形 551
大間々　2012-4
寺田裕一
2012年登場のトロッコ形気動車

DE10形1678　　神戸　2004-6　山田　亮
1998年にJR東日本からDE10形1678を譲受けた　塗色はJR時代のままである

わ01形　　大間々　2004-6　山田　亮
2001年にJR東日本からお座敷列車“やすらぎ”を譲受けたもので“サロン・ド・わたらせ”に使用されたが2009年に廃車された

DE10 形 1537
大間々　2008-8
寺田裕一
1998 年に JR 東日本から DE10 形 1537 を譲り受けたものでトロッコ車両と同じ塗色になった

わ 99 形 5070
大間々検修庫
2010-7
亀井秀夫
1998 年に京王デハ 5070 の車体をトロッコ形に改造したもの

わ 99 形 5080
足尾　2008-9
木村和男
1998 年に JR 東日本からスハフ 12 形を 2 両譲受けた

キハ 2000 形 2005　那珂湊　2008-8　寺田裕一
当鉄道は 2008 年に茨城交通湊線を引継いだものである　この車両は 1969 年に茨城交通が留萌鉄道から譲受けたもの

ひたちなか海浜鉄道

キハ 2000 形 2005　中根－金上　2010-3　木村和男
2010 年に国鉄急行色に塗り替えられた

キハ 2000 形 2005　那珂湊　2014-8　寺田裕一
2013 年前面にヒゲが付けられた島原鉄道色になった

キハ 22 形 222　中根－金上　2010-3　木村和男
1970 年から 1971 年にかけて羽幌炭礦鉄道から 3 両譲受けたうちの 1 両で旧国鉄一般形気動車標準色に塗られた　2015 年に廃車された

キハ2000形2004　　那珂湊機関区　2010-1　藤岡雄一
1970年に留萌鉄道から譲受けたもので国鉄準急色に塗られた　2015年に廃車となったが平成筑豊鉄道に譲られた

キハ20形205　　那珂湊　2008-8　寺田裕一
もとJR西日本キハ20形522で水島臨海鉄道を経て1996年に入線　1998年に国鉄一般形気動車色に塗替えられた

キハ20形429　　那珂湊機関区　2010-8　亀井秀夫
鹿島臨海鉄道から譲受けたものでもとは旧国鉄キハ20形　2006年に廃車となったが展示車両として2009年に国鉄首都圏色に塗替えられた

キハ37100形37100-03　　那珂湊　2008-12　藤岡雄一
2002年に茨城交通色で登場した

キハ 37100 形
37100-03
中根－金上　2011-8
木村和男
2010 年から 2018 年まで“アニマルトレイン”のラッピングがされた

キハ 37100 形
37100-03
那珂湊　2014-8
寺田裕一
“アニマルトレイン”の裏側

キハ 3710 形 3710-01
1995 年に登場　2010 年にこの塗装になった
中根－金上　2011-8　寺田裕一

ミキ300形
ミキ300-103
那珂湊　2010-3
木村和男
2008年に三木鉄道から譲受けたものでそのままの形式・塗色で使われている

キハ11形11-6
那珂湊　2016-7
亀井秀夫
2015年にJR東海および東海交通事業から譲受けたものでそのままの塗色で使われている

保守用ホッパ車　　那珂湊　2011-6　岡崎利生

ケキ100形102　　那珂湊　2007-5　千葉健太
1957年新潟鐵工製の35t機で茨城線で使われたが1971年同線が廃止され湊線に移ってきた
2005年に廃車された

DD55 形 9　　横浜本牧　2001-6　田中信吾
1972 年富士重工で製造された 55t 機　これは初代の標準塗装である

神奈川臨海鉄道

DD55 形 17　　本牧埠頭　2008-11　寺田裕一
1981 年富士重工製　1992 年から始まった 2 代目標準塗装

DD60 形 2　　横浜本牧　2017-6　寺田裕一
2006 年日本車輌で製造された 60t 機　これは 3 代目標準塗装である

京葉臨海鉄道

KD60 形 3　　千葉貨物ターミナル　2009-8　藤岡雄一
2004 年日本車輌で製造された 60t 機

しなの鉄道

115系S21編成
戸倉　2017-6
田中信吾
当鉄道は1997年北陸新幹線長野開業に伴いJR東日本信越本線軽井沢ー篠ノ井間を引継いだもので2015年には北陸新幹線金沢開業により長野ー妙高高原間も引継いだ　この車両はもとJR東日本115系で開業時はS3編成を除きJR時代のままの塗装で使用されたが順次しなの鉄道オリジナル色に変更された

115系S8編成
信濃追分　2017-8
安藤　誠
2014年に観光列車“ろくもん”に改造され塗色も変更された

115系S11編成
信濃追分　2017-8
安藤　誠
2017年から翌年まで“イイヅナのリンゴ”のラッピングがされた

115系 S9編成　　屋代ー千曲　2018-11　寺田裕一
2018年"台鉄自強号"の色に塗られた

115系 S7編成
黒姫ー妙高高原
2018-6　岡崎利生
2017年"初代JR東日本長野色"に塗られた

115系 S15編成　　篠ノ井ー戸倉高校前　2002-10　寺田裕一
2017年"2代目JR東日本長野色"に塗られた

169系　大屋　2010-12　木村和男
2010年湘南色に塗られたが2013年に廃車された

115系S3編成
御代田ー平原　2017-9　安藤　誠
2017年湘南色に塗られた

115系S16編成
古間ー黒姫　2018-6　岡崎利生
2017年スカ色に塗られた

SR1系
信濃追分　2020-7
安藤　誠
2020年に登場した当鉄道初の新車でJR東日本E127系がベース　これはライナー用でデュアルシートが採用されている

KM100 形 1　　猪谷　2005-8　千葉健太
当鉄道は 1984 年に国鉄神岡線を引継いだものだが経営は芳しくなく 2006 年に廃止された　この車両は開業時に登場したもので他に同形でイベント用の KM150 形があった

神岡鉄道

KMDD13 形 1
奥飛騨温泉口　1994-4
岡崎利生
1984 年国鉄から DD13 形 200 を譲受けた　1995 年に廃車された

KMDE10 形 1
奥飛騨温泉口　1994-4
岡崎利生
1991 年に JR 四国から DE10 形 1005 を譲受けた　2002 年に廃車された

ナガラ1形2　　郡上八幡　1989-8　太田正行
当鉄道は1986年国鉄越美南線を引継いだものでこの車両は開業時に登場した　2009年に廃車された

長良川鉄道

トロッコ列車
美濃市　2000-5　寺田裕一
1992年に登場した　保線用モーターカーNTB形に国鉄から払下げを受けた貨車を改造した車両を牽引させた　2003年に脱線事故を起こし貨車改造車は廃車された

トロッコ列車
美濃市　2004-11　寺田裕一
ヨ8000形はながら3形、ヨ6000形はながら5形、トキ25000形はながら7形となった

ナガラ500形503
相生ー深戸　2010-4
今井啓輔
2009年に登場した

ナガラ200形201
関　1999-4　高井薫平
1994年に登場した　側面には四季を表したイラストが描かれている

ナガラ500形503
美濃太田　2018-8
寺田裕一
"GJ8マン"のラッピングがなされた

ナガラ 500 形 501
関　2019-4　寺田裕一
2007 年登場　2019 年“チャギントン”のラッピングがされた

ナガラ 500 形 502　関　2010-3　今井啓輔
2009 年に登場した

ナガラ 300 形 305　関　2010-3　今井啓輔
2000 年に登場した

ナガラ 300 形 302　関　2010-10　田中信吾
301 と 302 は 2016 年に観光列車“ながら”に改造された

樽見鉄道

ハイモ180-200形201
谷汲口　1991-4
岡崎利生
当鉄道は1984年に国鉄樽見線と日本鉄道建設公団建設線を引継いだものでこの車両は開業時に登場したもので1999年に廃車された

ハイモ295-510形516
本巣　2017-10
田中信吾
2005年に登場した

ハイモ230-310形312　本巣　2004-12　田中信吾
1987年登場　1995年池田満寿夫のデザインの塗装になった
2011年に廃車された

ハイモ295-310形315　本巣　2017-10　田中信吾
1999年登場　池田満寿夫のデザインの塗装になった

TDE10 形 101
横屋－十九条　1988-3　鈴木浩一
101 は 1984 年の開業時に登場した新造車である　2005 年に廃車された　うしろの客車はオハフ 500 形で国鉄のオハフ 33 形

TDE10 形 101
水鳥付近　1999-4　岡崎利生
前面と側面に V ラインが入れられた　うしろの客車は 1990 年と 1992 年に JR 東海から譲受けた 12 系でスハフ 1100 形・オハ 1000 形

TDE11 形 113
大垣　2004-12
田中信吾
1992 年西濃鉄道から譲受けたものだが 2007 年に廃車された

オハフ500形　　　　　大垣　阪部一夫
入線当時は青地に赤と白だったが1988年にぶどう色に赤帯に塗替えられた

スハフ2200形・オハ2000形
本巣　1999-9　寺田裕一
1994年にJR東海から14系客車を譲受けた　2006年に廃車された

TDE10形102　　　　　　　　　大垣　1991-4　岡崎利生
1984年に衣浦臨海鉄道から譲受けた　2006年に廃車された

ハイモ295-610形
木知原ー織部　2011-7　寺田裕一
2008年に三木鉄道から譲受けたもので2014年まで三木鉄道の色のまま使われた

DB1形　　　　　　　本巣　2009-10　寺田裕一
2006年廃止された神岡鉄道から貸与され翌年譲受けたもので除雪用のモーターカー

オハフ800形803
谷汲口　1991-4　岡崎利生
1990年JR四国からオハフ50形を譲受けた　1994年に廃車された

オハフ800形801
谷汲口　1991-4　岡崎利生
塗分けは車両ごとに異なっていた　1994年に廃車された

うすずみ1形2
谷汲口　1991-4　岡崎利生
1989年国鉄からトキ25000形を2両払下げを受けトロッコタイプの展望車にした　2005年に廃車された

D100形102
本巣　2004-11
寺田裕一
1963年日立製作所製の35t機　住友大阪セメント岐阜工場内で入換えに使用された他本巣までの貨物列車の牽引に使用されたもので樽見鉄道創業時に転属した　2007年に廃止された

明知鉄道

アケチ１形５
明智　2003-10
高井薫平
当鉄道は1985年国鉄明知線を引継いだものでこの車両は開業の際入線した　1999年に廃車された

アケチ100形102
岩村　2019-6
田中信吾
2018年に登場した101はアケチ１形と同様の塗装

アケチ10形14
明智　2019-6
田中信吾
1999年に登場した

MC7000形 7001-7002
福井口車庫　2013-2　亀井秀夫
当鉄道は2003年に京福電鉄越前本線・三国芦原線を引継いだものでこの車両は2013年にJR東海から119系を譲受けたものである

えちぜん鉄道

L形
市役所前ー仁愛女子高校　2016-10
木村和男
2016年福井鉄道との相互直通運転のために製造された超低床車で“キーボ”と呼ばれている

ML6形　勝山　2010-2　寺田裕一
もと京福テキ6形で車籍はなく入換車として使われた

ML521形　福井口　2010-2　寺田裕一
もと京福テキ52形で除雪用として使われている

TH1 形 101　　天竜二俣　1991-8　亀井秀夫
当鉄道は 1987 年に国鉄二俣線を引継いだものでこの車両は 1986 年に登場した　2005 年に廃車された

天竜浜名湖鉄道

TH2 形 211
三ケ日　2000-4　寺田裕一
1986 年に登場したものでトロッコ列車牽引に使われた　2005 年に廃車された

THT100 形 101
宮口　2006-8　寺田裕一
2000 年に登場したトロッコ車両で JR 貨物からトキ 25000 を譲受け改造された　2007 年に廃車された

TH3000 形 3501
天竜二俣　2018-4
田中信吾
1995 年登場

TH3000 形 3501
天竜二俣　2000-4
寺田裕一
1995 年登場時の塗装

TH2100 形 2104
天竜二俣　2000-4
寺田裕一
2002 年登場

TH2100 形 2101

三ヶ日　2018-11　寺田裕一

2001 年 TH2000 形として登場　2004 年保安ブレーキの二重化で TH2100 形に改番された　2018 年ラッピングで湘南色となった

TH2100 形 2102

敷地－遠江一宮　2020-6　鈴木洋平

2020 年国鉄色に塗られた

TH2100 形 2114

新所原　2020-7　寺田裕一

2005 年登場　2019 年“音街ウナ”とのコラボレーション“うなぴっぴごー！”となった

TH9200 形 9200

天竜二俣　2020-7　寺田裕一

2002 年登場　TH2100 形と同様だが転換クロスシートを備えた団体列車用の特別車両

HK100 形　　JR 東日本・六日町ー塩沢　2003-5　岡崎利生
当鉄道は国鉄再建法により建設工事が中断されていた北越北線を引受けたもので 1997 年に開業した　この車両は開業時に登場した

北越急行

HK100 形 8　　六日町　2006-7　今井啓輔
1997 年に登場した　9 とともに転換クロスシートでイベント対応車である

HK100形100番代8・9
JR東日本・大沢
2010-3　木村和男
2003年に登場したもので“ゆめぞら”に使用される

681系2000番代
JR東日本・大沢ー石打
2010-3　木村和男
1997年に登場したもので“はくたか”に使用されたが北陸新幹線開通により2015年JR西日本に譲渡された

683系8000番代
JR西日本・高岡
2013-7　山田信一
貫通形となっている

えちごトキめき鉄道

ET122 形 2
糸魚川　2017-6　田中信吾
当鉄道は北陸新幹線開業に伴い信越本線妙高高原－直江津間および北陸本線直江津－市振間を 2015 年に引継いだものでこの車両は開業時に登場直江津－市振間の日本海ひすいラインに投入された

ET122 形 8
直江津　2015-7　安藤　誠
“3 CITIES FLOWERS” の名が付けられたイベント兼用車両

ET122 形 1000 番台 1001-1002
2016 年に登場した観光列車 “えちごトキめきリゾート雪月花” に使用される
名立　2017-10　亀井秀夫

ET122形7　直江津　2015-7　安藤　誠　　直江津　2018-2　寺田裕一
イベント兼用車両で“NIHONKAI STREAM”の名が付けられている　両側でデザインが異なる

ET127系V10
直江津　2015-10　亀井秀夫
JR東日本からE127系を譲受け2015年から妙高高原ー直江津間の妙高はねうまラインで使用されている　当初一部はJR時代のカラーのままであった

ET127系V6
高田　2020-3　寺田裕一
妙高山連山をイメージしたラッピングがなされた

413系
東滑川ー魚津
2015-4　岡崎利生
当鉄道は北陸新幹線開業に伴い2015年北陸本線倶利伽羅ー市振間を引継いだものである
この車両はJR西日本から413系を譲受けたものである

あいの風とやま鉄道

413系
高岡　2018-6
田中信吾
2016年に登場したイベント列車で“とやま絵巻”と呼ばれている

413系
東富山ー水橋
2019-8　寺田裕一
2019年登場のイベント列車で“一万三千尺物語”の名が付けられている

521系
高岡　2018-6
田中信吾
2015年にJR西日本から2両編成16本を譲受けた他に2両編成1本を自社で発注したものである　山側がブルーとなっている

521系
市振　2015-10
亀井秀夫
海側はグリーンである

IRいしかわ鉄道

521系
あいの風とやま鉄道・高岡　2018-6
田中信吾
当鉄道は北陸新幹線開業により北陸本線金沢－倶利伽羅間を2015年に引継いだものであいの風とやま鉄道と相互乗入れをしている　開業の際JR西日本から521系2両編成5本を譲受けた　編成ごとに側帯のアクセントカラーが異なる

NT100形105
　　　　　穴水　2004-10　高井薫平
当鉄道は国鉄能登線を1988年に引継いだものでこの車両は1987年に登場した　2006年に廃車された　その後1991年に七尾線七尾ー輪島間をJR西日本から引継いだが2001年七尾線穴水ー輪島間がまた2005年には能登線穴水ー蛸島間が廃止された

のと鉄道

NT800形801-802
　　　七尾ー和倉温泉　1991-9　岡崎利生
1988年急行“のと恋路号”用として登場　2005年に廃車された

NT100形103
　　　　鵜飼ー上戸　2005-8　山田　亮
2004年黒塗りにされ“NOTo EXPRESS号”として使用された

NT200 形 201
2005 年登場

穴水　2007-9　寺田裕一

NT300 形 302
七尾　2018-6
田中信吾
2015 年登場　観光列車“のと里山里海号”に使用されている

NT200 形 202
七尾　2018-6
田中信吾
2013 年から“劇場版 花咲くいろは HOME SWEET HOME”のラッピング車両となっている

1000形
稲永　2011-4
岡崎利生
当鉄道は2004年に西臨港貨物線を旅客線化したものでこの車両は開業にあわせて登場した

名古屋臨海高速鉄道

イセⅡ形4　　南四日市　1996-4　岡崎利生
当鉄道は国鉄伊勢線を1987年に引継いだものでこの車両は1989年に登場し2005年に廃車された

伊勢鉄道

イセⅢ形102　　津　2018-2　田中信吾
2003年登場　車体はステンレス製となった

愛知環状鉄道

100系
岡崎　2003-11
寺田裕一
当鉄道はJR東海岡多線と鉄道建設公団の建設線を1988年に引継いだものでこの車両は開業にあわせて登場した　2003年から2005年にかけて廃車され一部はえちぜん鉄道に譲渡された

2000系
瀬戸市
2019-6
田中信吾
2002年登場でセミクロスシート

2000系
瀬戸市
2019-6
田中信吾
2009年登場の増備車でロングシートとなり帯の色と形が変わった

860系761-861　　伊賀神戸－比土　2008-12　寺田裕一
もとは1961年近鉄奈良線に登場した820系で田原本線を経て1993年から狭軌化され伊賀線に入線した　当初は近鉄マルーンだったが1997年から忍者塗装になった　当鉄道は2007年に近鉄伊賀線を引継いだものである

伊賀鉄道

860系863-763
新居－上野市
2009-4　岡崎利生
2009年820系登場時の塗装にされ銀帯が付けられた

860系762-862
市部－依那古
2011-12
木村和男
2009年昭和30年代に近鉄の旧形車に使われたダークグリーンに塗られたが860系は2012年に廃車された

200 系 101-201　　猪田道　2018-2　田中信吾
もと東急 1000 系で 2009 年に入線した　第 1 編成は青色の忍者列車となっている

200 系 205-105　　上野市　2018-2　田中信吾
第 5 編成は緑色の忍者列車となっている

200 系 204-104　　猪田道　2018-2　田中信吾
第 4 編成は”ふくにん列車　伊賀の四季号”となっている

200 系 203-103　　猪田道　2018-2　田中信吾
第 3 編成は東急時代の赤帯である

200 系
202-102
市部ー依那古
2011-12
木村和男
第 2 編成はピンク色の忍者列車となっている

モ 260 形 261- サ 180 形 181- ク 160 形 165　日永　2019-6　田中信吾
当鉄道は近鉄内部線および八王子線を 2015 年に引継いだものである　モ 261 とク 165 は車体更新車で窓の改修が行われ一部固定化された　サ 181 は新造車で 2015 年から使われている

四日市あすなろう鉄道

ク 160 形 162- サ 180 形 182- モ 260 形 262　日永　2019-6　田中信吾
ク 162 とモ 262 は車体更新車で窓の改修が行われ一部固定化された　サ 182 は新造車で 2016 年から使われている

ク 110 形 114　日永　2015-6　寺田裕一

サ 120 形 123　内部　2012-2　寺田裕一

サ 120 形 121　赤堀－日永　2015-12　岡崎利生

モ 260 形 264　日永　2016-12　田中信吾

モ 260 形 265- サ 120 形 121- ク 160 形 163　追分－小古曽　2015-4　寺田裕一

DE65 形 2　　太郎代　2002-8　田中信吾
国鉄 DE10 形と同タイプ　当鉄道は 2002 年に廃止され DE652 は秋田臨海鉄道に譲渡された

新潟臨海鉄道

衣浦臨海鉄道

KE65 形 5　　大府　2019-6　田中信吾
655 は 1990 年国鉄清算事業団から DE10 形 573 を譲受けたもの

名古屋臨海鉄道

ND552 形 9
東港　2011-1
皆川雅彦
1965 年 登 場　国 鉄
DD13 形と同タイプ

ND60 形 1
東港　2012-2
寺田裕一
2008 年日本車輌で製造された　ピンクの帯が特徴

ND60 形 2
笠寺　2019-3
田中信吾
2010 年日本車輌で製造された　クリームの帯が特徴

ND552 形 15
名古屋貨物ターミナル
2013-9
寺田裕一
1987 年国鉄から DD13 形 306 の払下げを受けたもの

SKR200 形 202　貴生川　1987-8　岡崎利生
1987 年開業時に登場　写真の 202 は衝突事故で廃車された

SKR200 形 203　信楽　2002-9　今井啓輔
衝突事故後にこの塗装になった　2017 年に廃車された

信楽高原鐵道

SKR310 形 311　紫香楽宮跡－貴生川　2012-8　寺田裕一
2001 年に登場　当鉄道は 1987 年 JR 西日本信楽線を引継いだものである

SKR310 形 312　信楽　2012-8　寺田裕一
2002 年に登場

SKR310 形 311　貴生川　2017-2　田中信吾
311 は 2017 年緑基調の“SHINOBI-TRAIN”となった

SKR310 形 312　貴生川　2017-2　田中信吾
312 は 2017 年紫基調の“SHINOBI-TRAIN”となった

SKR400 形 401
信楽　2016-10
亀井秀夫
2015 年に登場した 信楽焼の色味と紅葉をイメージしている

SKR500 形 501　玉桂寺前－信楽　2018-11　寺田裕一
2017 年に登場した 501 は山をイメージした緑色となり転換クロスシートが装備された

KTR1000形
福知山　1991-7
西明義裕
当鉄道は1982年日本鉄道建設公団が建設した宮福線を引継いだ宮福鉄道が始まりで1989年JR西日本から宮津線を引受ける際に北近畿タンゴ鉄道に改称されたが経営が思わしくなく2015年運行をWILLER TRAINSに移譲し京都丹後鉄道となった　写真の車両は国鉄清算事業団とJR西日本からキハ28形を譲受けたもので1996年に廃車された　他にもとキハ58形のKTR2000形があった

京都丹後鉄道（旧北近畿タンゴ鉄道）

MF100形　宮津　2011-3　寺田裕一
北近畿タンゴ鉄道の前身の宮福鉄道が1988年の開業時に投入したもの

MF200形　宮津　2011-3　寺田裕一
MF100形とともに1988年に登場したものでイベント対応になっている

KTR300形　宮津　2019-6　寺田裕一
2019年登場　赤鬼をイメージした塗色

KTR300形　宮津　2020-7　寺田裕一
2020年登場の車両はグリーンになった

KTR8000形　　野田川　2008-7　寺田裕一
北近畿タンゴ鉄道が1996年に投入した特急用車両で"タンゴディスカバリー" と呼ばれている

KTR8000形　　西舞鶴　2017-12　田中信吾
2015年から更新が行われ塗色が変わった

KTR001 形　　JR 西日本・柏原　2011-3　藤岡雄一
北近畿タンゴ鉄道が 1990 年に投入した特急用車両でタンゴエクスプローラーと呼ばれている　現在は老朽化のため臨時列車に使われる程度で稼働率が低い

KTR700 形 702　　西舞鶴　2011-3　丹下昭英
1989 年登場

KTR700 形 706　　西舞鶴　2017-12　田中信吾
2013 年 706 はリニューアルされコミューター車両となった

KTR800 形 802　　西舞鶴　2017-12　田中信吾
リニューアルで青みが増した

KTR700 形 705　　宮津　2017-12　田中信吾
リニューアルでドアが黄色く塗られた

KTR700 形 708　　与謝野　2019-9　寺田裕一
708 は 2013 年にリニューアルされ“あおまつ”となった

KTR700 形 702　　宮津　2017-12　田中信吾
702 は 708 とともに 2013 年にリニューアルされ“あかまつ”となった

KTR700 形 709　　西舞鶴運転所　2017-12　田中信吾

与謝野　2017-12　寺田裕一

2010 年 709 はロングシート化され“丹後ゆめ列車 II”となり派手な柄にラッピングされた

KTR700 形 701　　与謝野　2016-12　寺田裕一
2008 年コンペで最優秀作品に選ばれたデザインをラッピングした“丹後ゆめ列車”

KTR700 形 707　　宮津　2014-7　寺田裕一
2014 年 707 はキッチン付きの観光列車“くろまつ”となった

100系
光明池車庫
1982-4
後藤文男
1970年開業とともに登場　南海6100系に準じているが車体はセミステンレス製　2000年までに全車廃車された

泉北高速鉄道

3000系
南海・住吉東
2012-9
木村和男
1975年登場　南海6200系と同一仕様だが車体はセミステンレス製　2012年一部の車両は南海に譲渡された

5000系
南海・萩の茶屋ー新今宮　2011-11
岡崎利生
1990年登場したVVVFインバータ制御車でアルミ車体ながらも塗装されている

5000系
光明池車庫　2008-6
坂戸宏太
1999年から2017年まで松本零士のデザインによる“ハッピーベアル”の塗装となった

7000系
和泉中央　2008-3
木村和男
1996年登場したアルミ車でVVVFインバータ制御

保線用車両　光明池車庫　2008-3　後藤文男

12000系　中百舌鳥　2018-3　田中信吾
“泉北ライナー”用として2017年登場　南海12000系と共通設計だが側窓までラッピングされているのが特徴

北大阪急行電鉄

2000形
千里中央－桃山台 1982-5　後藤文男
当鉄道は大阪万国博覧会の観客輸送のため阪急と大阪府などが出資して設立されたもので万博終了後は一部路線を変更し通勤路線となった
この車両は1969年に登場したもので性能的には大阪市交通局（現大阪市高速電気軌道）30系と同一であるが前面の角が丸みを帯びており阪急グループを示すべく帯色はマルーンだった
1993年に廃車された

2000形
千里中央－桃山台　1982-5
後藤文男
前面の帯はのちに太くなり側面にも帯が付けられた

8000形
大阪市交・西中島南方
2018-3　田中信吾
1986年に登場した冷房車で車体はアルミ製でVVVFインバータ制御となった “ポールスター” と呼ばれている

9000形
大阪市交・西中島南方
2018-3　田中信吾
2014年に登場したもので車体はステンレス製となった“ポールスターⅡ”と呼ばれている

9000形
大阪市交・西中島南方
2018-3　田中信吾
2016年登場の第3編成はマルーンを基調としたラッピングがされている

9000形
千里中央－桃山台
2020-6　寺田裕一
2020年開業50周年記念で9001編成の先頭車がラッピングされた

フラワ 1985 形 2　　粟生　2006-2　高井薫平
当鉄道は 1985 年国鉄北条線を引継いだものでこの開業時に登場　2009 年に廃車された

北条鉄道

フラワ 2000 形 2001　　北条町　2017-6　田中信吾
1999 年製造され 2000 年から使用開始された　“サルビア”の花がデザインされている

フラワ 2000 形
2000-2
北条町　2010-5
藤岡雄一
2001 年に増備された車両は星空のデザインとなった

フラワ 2000 形
2000-3
北条町　2009-11
寺田裕一
2008 年廃止された三木鉄道から譲受け 2012 年までそのままの塗装で使われた

フラワ 2000 形
2000-3
播磨横田－北条町
2012-4　寺田裕一
三木鉄道から譲受けたフラワ 2003 は 2012 年にヒマワリをデザインした塗装に改められた

キハ1003　　藤田　1967-5　今井啓輔
1959年に常磐炭礦から譲受けた

キハ1003　　大元　1983-7　千葉健太
1984年当鉄道廃止により紀州鉄道に譲渡された

岡山臨港鉄道

102　　南岡山　1983-2　佐藤公亮
1953年汽車会社で製造された

キハ5001　　南岡山　1983-2　佐藤公亮
1970年江若鉄道からキニ12を譲受けた

DD1352
岡南泉田－岡南福田
1982-3　寺田裕一
1970年江若鉄道から譲受けたもので1962年汽車会社で製造された　当鉄道は1984年に廃止され当機は部品取り用として水島臨海鉄道に譲渡された

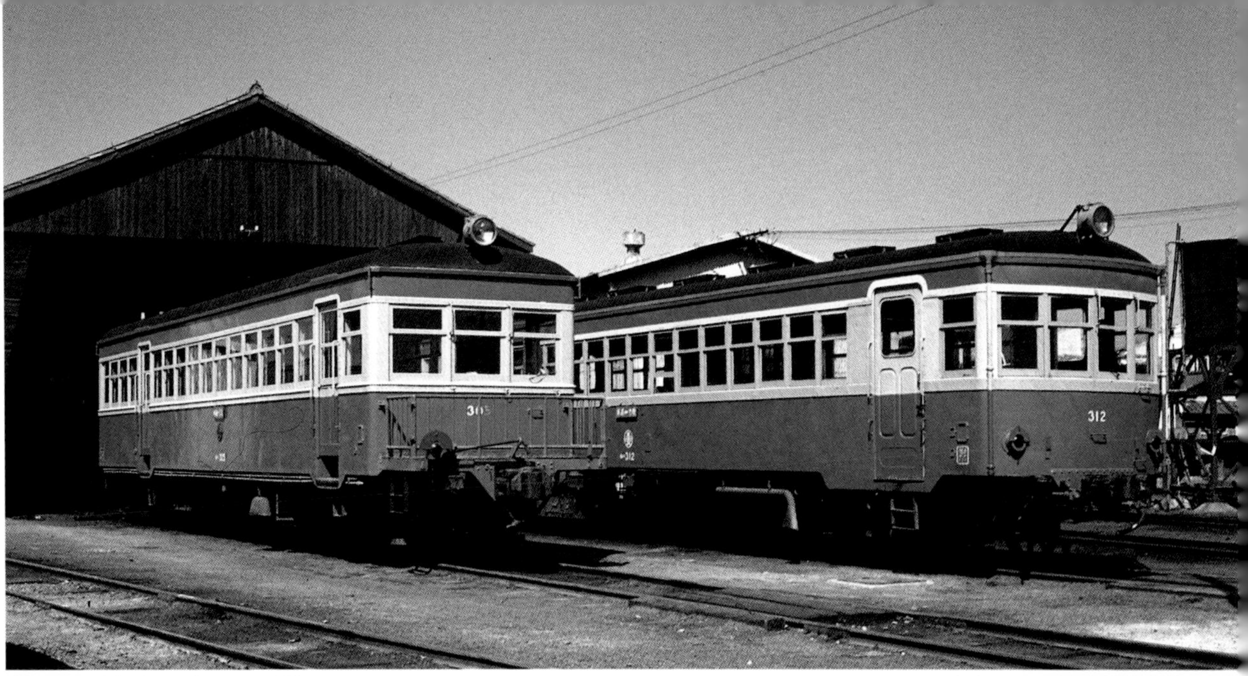

キハ305形305・キハ310形312　水島　1967-5　今井啓輔
キハ305（写真左）は1951年国鉄からキハニ181（もと中国鉄道）の払下げを受けたもの　キハ312（写真右）は1958年に国鉄からキハ04形32の払下げを受けたもの

水島臨海鉄道

フハ92
水島　1967-5　今井啓輔
1943年に国鉄から払下げを受けた木造2軸客車でもとは五日市鉄道のもの

MRT300形302
倉敷市－球場前　2013-2
岡崎利生
1995年に登場

MRT300形305
西富井　2005-4
高井薫平
304～306にはヒマワリの絵がラッピングされている

キハ20形204　　球場前－西富井　2013-2　岡崎利生
1986年から1991年にかけて国鉄・JR西日本・JR四国からキハ20形を12両譲受けた

キハ20形205　　球場前－西富井 2013-2　岡崎利生
当初はシルバーグレーに青帯の水島色だったがのちに国鉄色に戻された

MRT300形303
西富井
2020-6
寺田裕一
2020年 303は開業50周年記念塗装にされた

キハ 37 形 37-101　　球場前－西富井 2015-1　岡崎利生
2013 年に JR 東日本から譲受けた

キハ 30 形 30-100　　球場前－倉敷市　2018-3　岡崎利生
2014 年に JR 東日本から譲受けた

キハ 37 形 103　　福井－浦田　2019-5　寺田裕一
103 は旧国鉄色にされた

DD50 形 501　　倉敷貨物ターミナル　2018-12　田中信吾
1968 年に日立製作所で製造された

智頭急行

HOT3500形3503
大原　2019-12
田中信吾
当鉄道は日本鉄道建設公団が建設した智頭線を引き受け1994年に開業したものである　この車両は開業時に登場したもの　写真は塗色変更後のもの

HOT3500形3521
大原　2007-3
今井啓輔
3521はイベント用　写真は塗色変更前のもの

排雪モーターカー
大原　2019-12　田中信吾

HOT7000 系　大原　2019-12　田中信吾
1994 年登場の特急用車両で制御付自然振り子方式が採用されている　JR 西日本に乗入れ倉吉－京都間を走る

HOT7020 形 7023　JR 西日本・京都　2011-2　寺田裕一
前面貫通になっている

三木鉄道

ミキ 180 形 101　　　三木　2006-2　高井薫平
当鉄道は 1985 年に国鉄三木線を引継いだもので この車両は開業時に登場したが 2002 年に廃車された

ミキ 300 形 104　　三木　2003-10　寺田裕一
1998 年に登場したが 2008 年に当鉄道廃止により樽見鉄道・北条鉄道・ひたちなか海浜鉄道に譲渡された

井原鉄道

IRT355 形 10　　　　井原　2005-9　高井薫平
当鉄道は日本鉄道建設公団が建設した井原線を 1999 年に引継いだものでこの車両は 1998 年に製造された

IRT355 形 201
早雲の里荏原　2005-8　寺田裕一
2005 年登場の“夢 やすらぎ号”でイベントに使われる

若桜鉄道

WT2500 形 2503
郡家　1987-11　寺田裕一
当鉄道は 1987 年に JR 西日本若桜線を引継いだものでこの車両は開業時に登場したもの

WT3000 形 3001　郡家　2013-4　木村和男
2002 年 WT2501 のエンジンを換装したもので“さくら 1 号”と呼ばれた

WT3000 形 3003　郡家　2011-3　寺田裕一
2002 年 WT2503 のエンジンを換装したもので“さくら 3 号”と呼ばれた

WT3000 形 3001
JR 西日本・鳥取　2019-12　田中信吾
2019 年に 3001 は観光列車“八頭号”に改造された

WT3300 形 3301
若桜　2011-3　寺田裕一
2001 年に登場したものでステンレス製

NT2000 形 2001　　北河内　1987-12　寺田裕一
当鉄道は 1987 年 JR 西日本から岩日線を引継いだものでこの車両は開業時に登場した　2008 年に廃車された

錦川鉄道

NT2000 形 2001　　錦町　2006-4　寺田裕一
2000 年に青色をベースにカジカガエルの絵が描かれた　愛称は“かじか”

NT2100 形 2101　　錦町　2008-11　寺田裕一
1989 年増備のイベント対応車　1999 年に緑色をベースに鮎の絵が描かれた　愛称は“せいりゅう”

キハ 40 形 40 1009
錦町　2019-9　寺田裕一
2017 年に JR 東日本から譲受けた

NT2000 形 2002　錦町　2000-2　寺田裕一
2001 年水色をベースに鯉が描かれ“にしき”の愛称が付けられた

NT2000 形 2003　錦町　2006-4　寺田裕一
1999 年赤色をベースに鵜が描かれ“わかあゆ”の愛称が付けられた

NT2000 形 2004　錦町　2006-4　寺田裕一
2000 年黄緑色をベースに牛が描かれ“らかん”の愛称が付けられた

NT2000 形 2005　錦町　2006-4　寺田裕一
1999 年黄色をベースにカワセミが描かれ“じゃくち”の愛称が付けられた

NT3000 形 3002　JR 西日本・岩国　2013-8　木村和男
2008 年登場　“ひだまり”の愛称が付けられた

NT3000 形 3001　錦町　2013-8　木村和男
2007 年登場　“せせらぎ”の愛称が付けられた

NT3000 形 3003　JR 西日本・岩国　2018-11　田中信吾
2008 年登場　“こもれび”の愛称が付けられた

NT3000 形 3004　錦町　2018-11　田中信吾
2008 年登場　“きらめき”の愛称が付けられた

2000 系　JR 四国・高知　2008-7　木村和男
1990 年に登場　相互乗入れをする JR 四国 2000 系と同一仕様　2001 年“アンパンマン列車”となった

土佐くろしお鉄道

2000 系　宿毛　2011-8　寺田裕一
“アンパンマン列車”

2700 系　中村　2020-10　寺田裕一
2020 年登場　JR 四国 2700 系と同一仕様

TKT8000 形 8001　中村　2008-7　木村和男
当鉄道は日本鉄道建設公団が建設していた宿毛線と阿佐西線を引継ぐため設立されたがのちに JR 四国から中村線も引継いだ
この車両は 1988 年窪川－中村間の開業時に併せて登場したもので宿毛線・中村線専用

TKT8000形8003　中村　2011-8　寺田裕一
2011年四万十市のラッピングがなされた

TKT8000形8002　中村　2011-8　寺田裕一
2011年大月町のラッピングがなされた

TKT8000形8011　中村　2018-4　田中信吾
2011年四万十市のラッピングがなされた

中村　2011-8　寺田裕一

TKT8000形8005　土佐佐賀ー佐賀公園　2020-10　寺田裕一
2011年黒潮町のラッピングがなされた　両面で絵柄が異なる

宿毛　2011-8　寺田裕一

TKT8000形8004　窪川　2018-4　田中信吾
2011年宿毛市のラッピングがなされた

TKT8000形8021　中村　2018-4　田中信吾
イベント対応車で2006年“だるま夕日”のラッピングされた

9640 形 3　　JR 四国・高知　2008-7　木村和男
2002 年に登場のごめん・なはり線専用の一般車

9640 形 11
安芸　2005-10　今井啓輔
2005 年登場のお座敷対応車 “手のひらを太陽に号”

9640 形 1S　　あかおか　2011-8　寺田裕一
2002 年に登場の特別車でクジラをイメージしている

9640 形 2S　　JR 四国・土佐大津　2006-4　岡崎利生
1S とともに特別車で海側がオープンデッキとなっている

阿佐海岸鉄道

ASA200 形 201
海部　2008-2　寺田裕一
当鉄道は 1992 年に日本鉄道建設公団が建設していた阿佐線の海部－甲浦間を引継いだものである　2020 年には JR 四国から牟岐線の阿波海南－海部間を引継いだ　この車両は開業時に登場　ASA100 形と同形であるが中央部にソファ席があった　2008 年事故で廃車となった

ASA-300 形 301
海部　2009-11
寺田裕一
廃止となった高千穂鉄道から 2009 年に譲受けたもので高千穂鉄道のままの塗装と車番で使われていた

ASA-300 形 301
海部　2018-9　田中信吾
2010 年からラッピング車となった　当鉄道は 2021 年夏から DMV に転換するため気動車は 2020 年で運用が終了した

300形302
美夜古泉　1995-10
荻原俊夫
当鉄道は1989年JR九州から伊田線・糸田線・田川線を引継いだものでこの車両は開業と同時に登場　2002年廃車

平成筑豊鉄道

400形402
中泉　2019-4　亀井秀夫
2007年に登場した“なのはな号”と名付けられている

400形412
田川後藤寺　2011-6
寺田裕一
2010年に登場した412は開業時の塗色を引き継いで登場

400形408　　金田　2011-6　寺田裕一　　金田　2019-9　寺田裕一
当鉄道のマスコットキャラクター“ちくまる”を描いた“ちくまる号”となった

400形410　　金田　2011-6　寺田裕一
410は2009年から2017年まで石炭全盛期の筑豊の風景が描かれた“炭都物語号”となった

500形501　　金田　2008-4　寺田裕一
2008年に登場したものでレトロ調に造られ“へいちく浪漫号”と呼ばれている

400形 410　　金田　2020-6　寺田裕一
410は沿線のキャラクターが描かれた“つながる号”となった

400形 411　　直方　2009-12　岡崎利生
411は2009年に“ちくまる号”となった

400形 411　　金田　2019-3　亀井秀夫
411は2018年に“ちくまるLINEスタンプ号”となった

400形402　　金田　2020-10　亀井秀夫
2019年401・402はレストラン列車“ことこと列車”となった

門司港レトロ観光線　　出光美術館ーノーフォーク広場　2009-5　寺田裕一
2009年から北九州市の委託を受けて九州鉄道記念館駅から関門海峡めかり駅までを結ぶ観光路線でトロッコ列車を運行している　車両は南阿蘇鉄道から譲受けたDB10形と島原鉄道から譲受けたトラ700形を改造したもので“潮風号”と名付けられている

甘木鉄道

AR100 形 102
松崎　1986-10　寺田裕一
当鉄道は 1986 年に国鉄甘木線を引継いだものでこの車両は開業に合わせて製造された　2006 年に廃車された

AR300 形 303
甘木　斎藤　晃
2001 年登場
AR100 形・AR200 形と同じ塗色

AR400 形 401
甘木　斎藤　晃
2001 年登場の“宝くじ号”でイベント用

AR300形 307
甘木検修庫　2017-2　亀井秀夫
公募によるデザイン

AR300形 306　　　　甘木　2017-11　田中信吾
公募デザインによる桜をイメージしたもの

AR300形 305　　　　甘木　2017-11　田中信吾
国鉄急行形気動車色

AR300形 303　　　　甘木　2017-2　亀井秀夫
国鉄一般形気動車色

AR300形 304　　　　甘木　2017-11　田中信吾
沿線の山や緑をイメージしている

AR400形 401　　　　甘木　2017-11　田中信吾
2016年から塗色が変更された“宝くじ号”

松浦鉄道

MR300 形 301
伊万里　2003-9　高井薫平
当鉄道は 1988 年 JR 九州松浦線を引継いだものでこの車両は開業に合わせて登場したイベント対応車　2007 年廃車

MR100 形 126
左石　2011-5
藤岡雄一
1988 年開業に合わせて登場
2012 年廃車

MR500 形 501
佐々　2000-2
寺田裕一
1999 年製造の“宝くじ号”でレトロ調に造られ“レトロン号”と名付けられている

MR600 形 616　　佐々　2011-6　寺田裕一
2007 年登場　609 ～ 616 は窓回りが青

MR600 形 601　　たびら平戸口　2011-6　寺田裕一
601 ～ 608 は窓回りが黒

MR600 形 619　　佐々　2011-6　寺田裕一
617 ～ 621 は窓回りが赤

MR600 形 609　　佐々　2011-6　寺田裕一
609 は 2009 年から当鉄道沿線の観光地や物産品を描いたラッピングがなされている

くま川鉄道

KT100 形 104
人吉　2003-10　高井薫平
当鉄道は 1989 年 JR 九州湯前線を引継いだものでこの車両は開業時に登場した　2014 年廃車

KT100 形 101
おかどめ幸福ーあさぎり　2010-3　寺田裕一
側面にラッピングがなされた

KT200 形 203
人吉温泉　2009-7　小林尚智
1989 年に製造された 203 は 2009 年から観光列車“KUMA1”となった　2016 年廃車

KT31 形 311
人吉　2005-9
寺田裕一
2004 年 JR 九州からキハ 31 形 20 を譲受けたが 2013 年に廃車された

KT500 形 502　　人吉温泉　2017-3　寺田裕一
2014 年登場　赤色に塗られ“秋”と名付けられた

KT500 形 501　　あさぎり　2017-3　寺田裕一
茶色に塗られ“冬”と名付けられた

KT500 形 504　　あさぎり　2017-3　寺田裕一
青色に塗られ“夏”と名付けられた

KT500 形 503　　あさぎり　2017-3　寺田裕一
ベージュ色に塗られ“春”と名付けられた

KT500 形 505　　人吉温泉　2020-2　小林尚智
白色に塗られ“白秋”と名付けられた

南阿蘇鉄道

MT-2000A 形 2003A
高森　2003-9　高井薫平
当鉄道は 1986 年国鉄高森線を引継いだものでこの車両は開業時に登場“はなしのぶ”の愛称が付けられた　MT2000 形は 1998 年から 2000 年にかけて 2 軸駆動化がなされ MT-2000A 形となった

MT-2100 形 2105
高森　1987-9　岡崎利生
1987 年国鉄からキハ 52 形 35 の払下げを受けトロッコ列車の補機として使用された　1993 年に廃車された

MT-2000A 形 2002A
2002 年からこの塗装になった
高森　2003-3　寺田裕一

MT-3000形 3001　中松　2007-11　高井薫平
1993年登場

MT-3000形 3001　高森　2009-5　寺田裕一
2002年に塗色が変更された

MT-3000形 3010　高森　1999-3　岩切道郎
1998年登場のレトロ調車両

MT-3000形 3010　高森　2014-2　高井薫平
2013年に塗色が変更された

MT2000A形
2003A
高森　2018-5
寺田裕一
熊本地震復興支援で2017年“がんばれクマモト！マンガよせがきトレイン”となった

DB10形とトラ70000形　　立野　2003-7　岡崎利生
1986年に登場した初代のトロッコ列車　機関車は貨車移動機だった　2006年に廃車となり平成筑豊鉄道に譲渡された

DB16形1602
中松　2018-3　安藤　誠
2007年北陸重機工業で製造されたトロッコ列車牽引用ディーゼル機関車

TORA200形20001　　中松　2018-3　安藤　誠
2007年製造のトロッコ列車用客車

トラ700形70001　　中松　2018-3　安藤　誠
1986年国鉄からトラ70000形の払い下げを受け2007年にトロッコ列車用客車改造されたもの

HSOR100 形 114　　八代　2011-5　藤岡雄一
当鉄道は 2004 年九州新幹線新八代－鹿児島中央間開業に伴い JR 九州から鹿児島本線八代－川内間を引継いだものでこの車両は開業にあわせて登場した

肥薩おれんじ鉄道

HSOR100 形 114　　薩摩大川　2012-3　小林尚智
2013 年 114・116 はおれんじ食堂用の車両に改造された

HSOR150 形 152
八代　2011-5
藤岡雄一
当鉄道のキャラクター“おれんじちゃん”のラッピングが 2004 年から 2015 年までなされた

HSOR150 形 151
出水　2011-6
寺田裕一
2010 年から 2015 年まで“銀河鉄道 999”のラッピングがなされた

HSOR100 形 107
薩摩大川－西方
2019-8　山田信一
107 は 2015 年から“くまモン 2 号”となった

HSOR100 形
111A
肥後田浦
2017-3
寺田裕一
2012 年 登 場
“くまもん号”

HSOR100 形
113A
出水
2016-2
寺田裕一
2015 年に“ぐりぶーファミリートレイン”になった

HSOR-150 形 151
出水車両基地　2009-10　小林尚智
“さっぴぃふるさとくん”

HSOR100 形 110A
“葦北町合併 10 周年記念号”
出水　2016-2　寺田裕一

高千穂鉄道

TR-200 形 202
高千穂　1999-3
岩切道郎
当鉄道は 1989 年 JR 九州高千穂線を引継いだものでこの車両は開業時に登場　2005 年水害のため運転を休止したが復旧のめどが立たず 2008 年に廃止された

TR-400 形 401　延岡　2004-1　岩切道郎
2003 年に登場のトロッコタイプの車両で“手力男”と名付けられた　当鉄道廃止後は JR 九州に譲渡されキハ 125 系となり特急“海幸山幸”として使われている

TR-400 形 402　高千穂　2003-3　寺田裕一
401 と同時に登場のトロッコタイプの車両で“天鈿女”と名付けられた　401 とともに JR 九州に譲渡され特急“海幸山幸”として使われている

TR-300 形 301
高千穂　1999-9　寺田裕一
1991 年登場の観光用車両
2003 年に廃車された

モハ100形　旭川追分付近　1972-1　大野眞一

1949年日本車輌で製造された　当鉄道は国鉄旭川四条から東川ならびに旭山公園までを結んでいたが1972年に廃止された

旭川電気軌道

電動排雪車
旭川追分　1972-12
後藤文男
もと旭川市街軌道の排1で
1931年製造

路面電車

580形　後藤宗隆
1956年登場　写真は登場時の塗色　1971年までに廃車となった

200形　札幌駅前　1960-3　岩沙克次
1957年登場　写真は登場時の塗色　1971年に廃車となった

札幌市電

（札幌市交通事業振興公社）

A830形
電車車両センター　1974-2　後藤文男
1965年に登場した連接車　1976年に使用中止され3編成が名鉄に譲渡され美濃町線で使用された

D1040形　新琴似駅前　1969-7　木村和男
1964年に登場した鉄北線用の路面ディーゼルカー　車体はA820形と同スタイル　1971年鉄北線全線電化のため廃車された

230形　北37条　1974-2　後藤文男
1959年に登場した　オレンジの帯はワンマン化改造車を示す　1974年鉄北線廃止とともに廃車された

A850形　　　　　北37条　1974-2　後藤文男
1965年登場の連結車　570形と580形を改造しつないだもの　1974年鉄北線廃止とともに廃車された

250形
　　　資生館小学校前付近　1989-8　山田　亮
1961年登場　1978年から1980年にかけて更新され帯色が白に変更された

330形　　　　　　西8丁目　1998-9　今井啓輔
1958年に登場　1992年331～333が姉妹都市ドイツ・ミュンヘン市電の塗色にされた　2001年までに廃車となった

240 形　　　　東本願寺前　2010-5　寺田裕一
1960 年登場　1990 年代中頃からこの塗色にされた

8510 形
資生館小学校前付近　1989-8　山田　亮
1987 年登場した VVVF インバータ制御車
1985 年登場の 8500 形と同様の塗色で登場した

A120　　　　　　　　　　　　　　　　ロープウェイ入口ー電車事業所前　2017-9　寺田裕一
2013 年登場の札幌市電初の超低床車両で”ポラリス”と呼ばれている　2018 年登場の単車タイプの 1100 形も同色である

雪 1 形
電車車両センター　1974-1
後藤文男
1949 年登場のササラ電車で 40 形電車の改造

雪 10 形
電車車両センター　1977-7　後藤文男
1918 年登場の 10 形をスノープロー式排雪車に改造したもの

雪 10 形（2 代目）
電車事業所前
2012-2
寺田裕一
1998 年に雪 4 の改造名義で製造された　2019 年に登場した雪 20 形も同様の塗装

函館市電

（函館市企業局交通部）

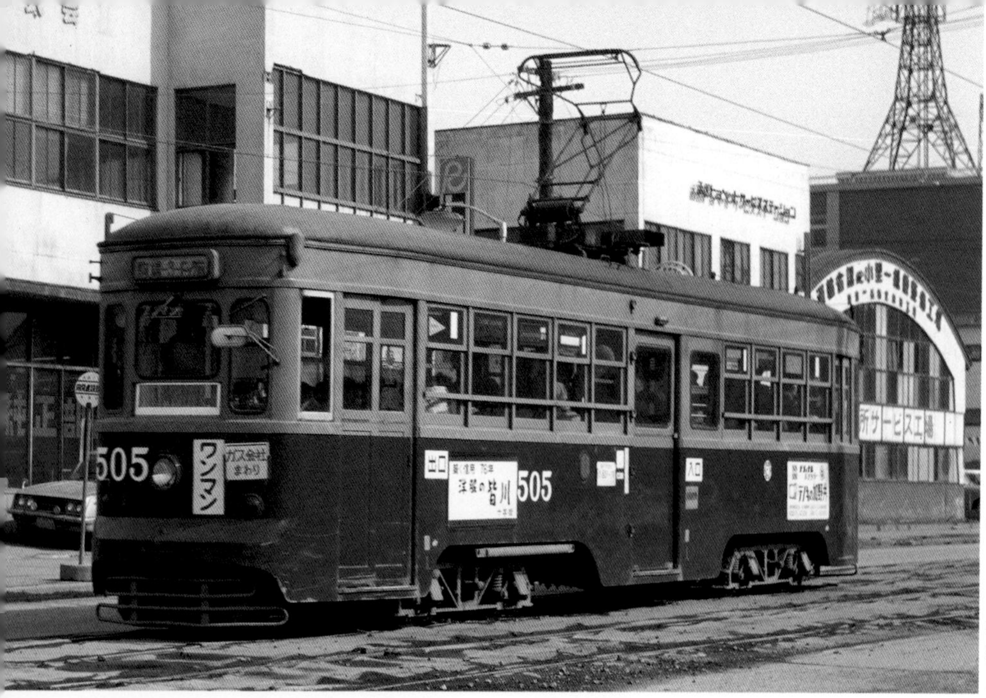

500 形
梁川車庫前　1974-1
後藤文男
1948 年登場　かつての標準色だった　2008 年頃に 530 がこの塗装に戻された

500 形 510
五稜郭公園前－中央病院前
1972-12　後藤文男
試験的に新塗装にされた

500 形　　魚市場通　1992-6　高井薫平
1988 年から一部の車両は新塗装となった

710形
梁川車庫前　1974-1
後藤文男
1959年登場でこの塗装が標準色となった

1000形
函館十字街　1974-7
今西　泉
1970年東京都交通局から7000形を譲受けたもの　当初は都電時代の塗装のままで使われたが1971年にワンマン化改造が行われ前面窓の改造とともに塗色も標準色に変わった

1000形1007
函館駅前　1986-2　岡崎利生
新標準色に塗り替えられたが1993年に都電色にされた

1000形1006
青柳町－谷地頭　2010-1　紀伊国啓
2009年に都電カラーにされたが翌年廃車となった

2000 形
市役所前付近　2018-12　隅田　衷
1993 年登場の当市電初の VVVF インバータ制御車

8100 形　函館駅前－松風町　2005-7　後藤文男
2002 年登場の部分低床車で 800 形 807 の車体更新である

9600 形　駒場車庫前　2011-6　大野眞一
2007 年登場の函館市電初の超低床車で“らっくる号”と呼ばれている

排形 3 ～ 6　梁川車庫　1972-12　後藤文男
1937 年登場のササラ電車で 200 形からの改造　もとは東京市電ヨヘロ形

排形　函館駅前付近　2010-12　岡崎利生
のちにトラ塗りにされた

30 形
大町－末広町
1995-9
岩沙克次
1993 年 排 形 2 号を改造した観光用車両で“箱館ハイカラ號”と呼ばれている

装形 3　函館駅前－市役所前　2005-7　後藤文男
300 形改造の花電車

500 形 501　駒場車庫　2011-6　大野眞一
505 は 1987 年に車体更新され 501 に改番された　1995 年カラオケやテーブルが設置され“アミューズメントトラム”となった

装形 2　函館駅前－市役所前　2005-7　後藤文男
300 形改造の花電車

装形 1　新川町－松風町　2005-7　後藤文男
300 形改造の花電車

仙台市交通局

モハ1形
仙台駅前　1958-3　岩沙克次
1926年製造の単車で1962年に廃車となった

モハ100形
仙台駅前
1958-3
岩沙克次
1948年モハ80形として登場　1954年にモハ100形に改番された　一部は1974年に廃車されたが残りはワンマン化され1976年の市電廃止まで残った

モハ100形
仙台駅前
1958-3
岩沙克次
新塗装となった

モハ200形　仙台駅前　1958-3　岩沙克次
1954年に登場した　軽量化と防音防振を図った車両で仙台市電としては初めて中扉が採用された

モハ200形　花京院　1974-2　後藤文男
1968年ワンマン化により前面窓が左右非対称になった　オレンジの帯はワンマンを示していた

30 形　　秋田駅前　1963-8　村松　功
1953 年登場　車体はもと東京都電 3000 形を鋼体化したもので塗色は都電とそっくりだった　当線は 1966 年に廃止された

秋田市交通局

福島交通軌道線

モハ 1100 形　　泉－上松川　1962-12　斎藤　晃
1955 年に半鋼製車体に更新された　当線は飯坂東線・保原線・梁川線・掛田線からなっていたが 1971 年に全廃された

東京都交通局

7000形
銀座四丁目　1955-12　岩沙克次
写真の7075は1955年に登場
緑の濃淡の新塗装は8000形にも使われた

6000形
銀座四丁目ー銀座七丁目
1963-3　大野眞一
1947年に登場　1951年から2000形・3000形・4000形とともにこの塗装になった

5500形5501　　銀座四丁目　1960-12　文藏正弘
1954年登場の純正PCCカー　塗色もそれまでのグリーン系からアイボリーに赤帯になった　1959年からは他の形式もこの塗装となった

3000形　　大塚仲町　1971-3　鈴木重久
1949年登場で木造の3000形や他の木造車を鋼体化したもの　この塗色は1962年登場の7500形から採用されたもので5500形のアイボリーよりも黄色味が強かった

2000形2052　　阿佐ヶ谷付近　1958-8　岩沙克次
木造の3000形を改造したもので1943年に登場　1951年に狭軌化され杉並線に転属した　写真の2052は電動貨車を除いて都電最後の木造車で1958年に2500形に更新された

2500形　　馬橋二丁目　1960-10　村松　功
木造の2000形を鋼体化改造したもので1958年に登場　1963年杉並線廃止後は1372㎜に改軌され1968年まで使われた

7000形
荒川車庫　1979-11
後藤文男
1977年からワンマン化対応のため車体が新造された　1992年2両が豊橋鉄道に譲渡された

7500形
学習院下　1979-4　後藤文男
1984年からワンマン化改造されステップがなくなり帯色が青に変わった

7000形
鬼子母神前ー雑司ヶ谷　2003-12
隅田　衷
1987年から冷房化が行われ塗色変更された　1999年2両が豊橋鉄道に譲渡されその後2018年までに全車廃車されたが一部の車体は7700形に流用された

7000形　滝野川一丁目　2007-6　後藤文男
2007年9000形の登場をアピールするため7001・7008・7010に花電車風のラッピングがされた

7500形
小台ー荒川遊園地前
2007-5　後藤文男
1984年から冷房化と同時に車体更新が行われ塗色が変わった　2011年に廃車となった

7000形7001
宮ノ前　2016-11
田中信吾
2013年7001は都電のツーマン時代の塗色にされた

8500 形
荒川車庫前
2010-12
小山　明
1990 年に登場した VVVF インバータ制御車で都電としては 28 年ぶりの新車

6000 形 6152
鬼子母神前－雑司ヶ谷　1989-6　後藤文男
1988 年応急車として残っていた 6152 はイベント車両として都電往時の塗色にされた

6000 形 6152
学習院下　1994-1　後藤文男
1993 年修繕・再塗装され以前よりも明るい色になった

7500 形 7511
荒川車庫　2011-1
坂戸宏太
2010 年 7511 は阪堺電気軌道との共同企画で阪堺 160 形の塗色にされた

9000 形 9001　飛鳥山－王子駅前　2011-6　岡崎利生
2007 年登場のレトロ調車両　基本は 8500 形と同様で VVVF インバータ制御

9000 形 9002　宮ノ前　2016-11　田中信吾
同時に登場した 9002 は下半分がブルーにされた

8800 形 8801　荒川車庫　2011-1　坂戸宏太
2009 年に登場　性能的には 9000 形と同一である　全部で 4 色あり 8801 ～ 05 はローズレッドに塗られた

8800 形 8806　王子駅前－飛鳥山　2011-2　岡崎利生
8806・8807 はバイオレットに塗られた

8800 形 8809　王子駅前－飛鳥山　2011-2　岡崎利生
8808・8809 はオレンジに塗られた

8800 形 8810　王子駅前－飛鳥山　2011-3　木村和男
8810 はイエローに塗られた

8900形8901　　王子駅前－飛鳥山　2019-4　岡崎利生
2015年登場　性能的には8800形と同一　8800形同様4色あり 8901・8902はオレンジに塗られた

8900形8903　　宮ノ前　2016-11　田中信吾
8903・8904はブルーに塗られた

8900形8906
学習院下－面影橋　2016-4　岡崎利生
8905・8906はローズピンクに塗られた

8900形8907　　宮ノ前　2016-11　田中信吾
8907・8908はイエローに塗られた

花100形
荒川車庫
2011-10
後藤文男
2011年7510を改造して造られた花電車用車両で2011年都営交通100周年記念として運行されたがその後は花電車として使われることは一度もなく2018年に廃車された

7700形7701　　宮ノ前　2016-11　田中信吾
2016年7000形の車体を利用して足回りを8900形と同じものに交換した車両が登場した　車体色は3色あり7701・7702はグリーンに塗られた

7700形7705　　宮ノ前　2016-11　田中信吾
7703~7705はブルーに塗られた

7700形7706
王子駅前－飛鳥山　2019-4
岡崎利生
7706～7708はレッドに塗られた

乙1形　　柳島車庫　1972-10　後藤文男
1941年に製造された電動無蓋貨車　1971年に廃車となり現在都電神明町車庫跡公園に保存されている

乙 6000 形 6009
西ヶ原四丁目－新庚申塚　1978-4　後藤文男

1978 年 6000 形 6009~6013 を無蓋電動貨車に改造したもの　荒川線ワンマン化記念の花電車として同年に使われたがその後は一度も使用されることなく 1981 年に廃車された

乙 6000 形 6010　　西ヶ原四丁目－新庚申塚　1978-4　後藤文男

乙 6000 形 6011
荒川車庫前－荒川遊園地前　1978-4　後藤文男

乙 6000 形 6012
西ヶ原四丁目－新庚申塚　1978-4　後藤文男

乙 6000 形 6013　　学習院下－面影橋　1978-4　後藤文男

デハ200形　大橋－上通　1969-5　後藤文男
1955年登場　2両連接で中間は1軸台車　車体はモノコック構造で軽量化を図った　1969年玉川線廃止とともに廃車された

東京急行電鉄玉川線・世田谷線

デハ40形　大橋－上通　1969-4　大野眞一
1928年登場　1969年玉川線廃止とともに廃車された

デハ 80 形
玉電瀬田ー二子玉川園
1969-4　大野眞一
1950 年登場　玉川線廃止後も世田谷線で使われ 1994 年にカルダン駆動化されたが 2001 年に廃車となった

デハ 150 形
用賀ー桜新町　1969-5
後藤文男
1964 年登場　玉川線廃止後も世田谷線で使われた

デハ 70 形　上町付近　1992-4　長谷川進吾
1942 年登場　玉川線廃止後も世田谷線に使われ塗色も緑 1 色となった　1994 年から台車が交換されカルダン駆動となったが 2000 年に廃車された

デハ 150 形　若林ー松陰神社前　2000-6　岡崎利生
1983 年から更新が行われ外板の張替えとコルゲート部分がステンレス化され無塗装となったが 2001 年に廃車された

300 系 301　松原ー山下　2000-12　後藤文男
1999 年登場　セミステンレス製の連接車で編成ごとに色が異なる　当初はステップがあった

300 系 302　世田谷付近　2004-4　隅田　衷
2001 年にホームのかさ上げが完了しステップが廃止された

300 系 303　下高井戸ー松原　2001-1　後藤文男

300 系 304　山下ー松原　2006-4　後藤文男

300 系 305　若林ー西太子堂　2006-4　後藤文男

300 系 306　下高井戸ー松原　2006-4　後藤文男

300 系 307　世田谷－松陰神社前　2004-4　隅田　衷
307 以降はステップなしで登場した

300 系 308　若林－西太子堂　2019-2　田中信吾

300 系 309　下高井戸－松原　2001-4　岡崎利生

300 系 310　松原－山下　2020-2　丹下昭英

300 系 301　若林－西太子堂　2006-4　後藤文男
2005 年デハ 200 形登場 50 周年を記念してデハ 200 形の塗装をイメージしたラッピングがなされた

300 系 308　松原－山下　2020-2　丹下昭英
2019 年から世田谷線 50 周年を記念して沿線の豪徳寺の招き猫をイメージしたラッピングがなされている

500 形　　　　　　　　　　　　　　　　　　　　　　　　桜木町駅前　1962-2　村松　功
1928 年登場の単車で 1969 年に廃車された　バックは東急東横線 5000 系

1150 形　文蔵正弘
1936 年登場で戦前はクロスシートだった

横浜市交通局

1300 形
桜木町駅前 1959-4
岩沙克次
1947 年 3000 形として登場　1948 年に 1300 形に形式変更された　1971 年に廃車された

1100形　　　　　　　　　　　　　　　　　　　　　　　　　　　　　　　桜木町駅前　1971-5　後藤文男
1936年登場で写真は晩年の塗装　横浜市電は1972年に全廃された

川崎市交通局

200形　　　　　　　　　　　　　　　　　　　　　　　　　　　　　　　渡田車庫　1969-3　矢放幸一
1944年登場　1952年以降鋼体化された　川崎市電は1969年に廃止された

豊橋鉄道東田本線

モ 3100 形
赤岩口　1976-10　林　嶢
1971 年名古屋市電 1400 形を譲受けたもので 3102 を除いて 2006 年までに廃車された　この塗装は標準塗色だった

モ 3100 形 3102　　駅前ー駅前大通　2010-7　皆川雅彦
3102 は予備車として残り赤茶色一色となったが 2018 年に廃車された

モ 3700 形 3702　　赤岩口車庫　1992-8　岡崎利生
1990 年から 1996 年までギャラリー電車となった

モ 3700 形 3702
駅前ー駅前大通　2000-7
岡崎利生
1963 年名古屋市電 1200 形を譲受けたもので 1996 年製造当初の塗装に復元されポールが付けられレトロ電車となったが 2007 年に廃車された

モ 800 形
駅前－駅前大通
2005-9　高井薫平
2005 年名鉄からモ 800 形を譲り受けた

T1000 形
東田－競輪場前
2018-4　田中信吾
2008 年登場の超低床車で 3 車体連接構造で“ほっトラム”と呼ばれている

モ 3200 形 3203　　赤岩口車庫　2010-11　後藤文男
もと名鉄モ 580 形で 1981 年に登場　2008 年に標準色に塗り替えられ冬は“おでんしゃ”に使用されている

モ 3200 形 3203
東田－競輪場前　2019-7　岡崎利生
夏は“納涼ビール電車”に使用されている

静岡鉄道清水市内線

モハ 60 形　新清水－仲浜町　1970-8　後藤文男
1956 年鋼体化された　当線は水害のため 1975 年に廃止された

松本電気鉄道浅間線

デハ 1 形　浅間温泉　1962-9　村松　功
1926 年登場の木造車　当線は 1964 年に廃止された

名古屋市交通局

1900形1906
栄　1958-8　岩沙克次
1954年から製造された“和製PCCカー”　1972年に廃車となった

1400形
沢上車庫　1973-7
後藤文男
1936年登場で1974年の市電全廃まで活躍した

モ 500 形
徹明町
1969-7
矢崎康雄
1921 年美濃電気軌道が製造したもので 1970 年に廃車された

名古屋鉄道岐阜市内線・美濃町線

モ 580 形　岐阜工場　1974-5　川西博勝
1955 年登場　1981 年までに廃車され大部分が豊橋鉄道に譲渡された

モ 590 形　岐阜工場　1974-5　川西博勝
1957 年登場　2005 年の岐阜市内線・美濃町線廃止まで使用され 2 両が土佐電気鉄道（現在のとさでん交通）に譲渡された

モ 600 形
岐阜工場　1974-5　川西博勝
1970 年登場　新岐阜直通のため複電圧車となった　当初は白帯を巻いていたがのちにスカーレット一色となった　2005 年に廃車された

モ510形
岐阜駅前　1974-5
川西博勝
1926年美濃電気軌道が製造したもので当初は笠松線で使用されたが1930年美濃町線に移った　1967年岐阜市内線と揖斐線の直通運転用としてモ520形とともにスカーレットに白の塗色に変わった

モ510形
徹明町　2000-4　後藤文男
1987年直通運転当初の塗分けに変わった　2005年美濃町線廃止とともに廃車された

モ880形
競輪場前　2004
藤岡雄一
1980年美濃町線に登場した連接車で新岐阜乗入れのため複電圧車で1991年から冷房化された　2005年美濃町線廃止により福井鉄道に譲渡された

モ 870 形　上芥見　2000-4　後藤文男
1976 年美濃町線に登場　もと札幌市電 A830 形で 1978 年までにユニットサッシュ化がなされ 1996 年から冷房化もなされた　2000 年には複電圧化もなされたが 2005 年廃線により翌年廃車となった

モ 800 形　競輪場前　2004　藤岡雄一
2000 年美濃町線に登場した部分低床車で新岐阜乗入れのため複電圧仕様となった　2005 年廃線により豊橋鉄道と福井鉄道に譲渡された

モ 780 形　岐阜駅前　2004-4　後藤文男
1997 年に登場　岐阜市内線・揖斐線直通用として使われた　2005 年廃線により豊橋鉄道に譲渡された

モ 770 形　千手堂　2004-4　後藤文男
1987 年に登場　岐阜市内線・揖斐線直通用として使われ　2005 年廃線により福井鉄道に譲渡された

モ 770 形 772　尻毛　1996-8　岡崎利生
1987 年岐阜市内線・揖斐線直通用として登場した連接車　772 は 1994 年から 1997 年までラッピングで“ブルーライナー・ミニ”となった　2005 年廃線により福井鉄道に譲渡された

デ5010形・デ7000形　富山駅前　1963-8　村松　功
写真左は1950年登場のデ5010で富山軌道線と射水線・笹津線の直通用　写真右は1957年登場のデ7000形

富山地方鉄道富山軌道線

デ7000形
富山駅前ー地鉄ビル前
1984-7　千葉健太
この塗色が長らく標準色だった

デ7000形
電気ビル前　2016-9
後藤文男
1993年登場の8000形にあわせて7018以外は新塗装になった

デ8000形
富山駅
2004-8
隅田 表
1993年登場の冷房車 28年ぶりの新造車

デ9000形9001　南富山車両区　2013-6　亀井秀夫
2009年登場の環状線用車両で“セントラム”と呼ばれていて富山ライトレールTLR0600形と同一仕様　所有は富山市　9001は白色

デ9000形9002　富山駅ー新富町　2018-4　岡崎利生
9002は銀色

デ9000形9003　富山駅ー電鉄富山　2014-10　亀井秀夫
2009年9003は黒で登場した

デ9000形9001　富山駅　2013-9　由上啓一
2013年軌道線開業100周年を記念して9001はラッピングされた

T100形101　　地鉄ビル前　2016-10　大野眞一
2010年登場の3連接超低床車で“サントラム”と呼ばれている
4編成あり編成ごとに色が異なる

T100形102　　南富山車両区　2013-6　亀井秀夫

T100形103
電鉄富山駅・エスタ前付近　2016-10　大野眞一

T100形104　　富山駅ー電鉄富山　2019-9　亀井秀夫

デ7000形7022　　南富山車両区　2016-10　田中信吾
2014年7022は”レトロ電車”に改造され塗色も変わった

富山ライトレール

TLR0600 形 0601
岩瀬浜－競輪場前　2009-4
大野眞一

2006 年登場　編成ごとに色が異なる　当鉄道は JR 西日本から富山港線を引継いだ第三セクターで富山駅近くでは路線変更がなされ併用軌道となった　2020 年富山地鉄富山軌道線とつながり当鉄道は富山地鉄に吸収された

TLR0600 形 0602　岩瀬浜　2008-11　寺田裕一

TLR0600 形 0603
富山駅北－インテック本社前　2008-6　山田信一

TLR0600 形 0604　富山駅北－インテック本社前　2008-6　山田信一

TLR0600 形 0605
富山駅北－インテック本社前　2011-9　山田信一

TLR0600 形 0607　城川原　2012-7　寺田裕一

TLR0600 形 0606　城川原車庫　2010-4　今井啓輔

TLR0600 形 0608　富山駅北－インテック本社前　2019-8　寺田裕一
2019 年に増備された第 8 編成は銀色になった

デ7060形
末広町－新高岡
1972-8　後藤文男
1965年登場　当線は2002年に加越能鉄道から第三セクターの万葉線株式会社に引継がれた

万葉線（旧加越能鉄道高岡軌道線）

デ7070形7073
米島口－新能町
2018-6　田中信吾
1967年登場　2017年から2020年まで加越能鉄道時代の塗色にされた

デ7070形7072
新吉久　2008-9　岡崎利生
1967年登場　加越能鉄道時代の1994年に動物の絵が描かれたアニマル電車となった

MLRV1000 形　　高岡駅ー末広町　2005-10　高井薫平
2004 年登場の超低床車で“アイトラム”と呼ばれている

MLRV1000 形 1004　　米島口ー新能町　2018-6　田中信吾
2012 年登場の“ドラえもんトラム”は初代 1005　2 代目 1002 を経て 2016 年から 1004 となりのちに 1003 に変わった

デ 5010 形 5022　　米島口車庫　2009-4　坂戸宏太
1950 年登場　1971 年に除雪車に改造された　2012 年に廃車された

6000 形　　米島口車庫　2016-10　亀井秀夫
2012 年登場のプラウ除雪車でディーゼルエンジンで動く　パンタはトロリーコンタクター用

モハ 300 形　　県庁前　1966-6　清水　武
1932 年木造単車から台車・機器を流用したもので最後まで緑色だった

北陸鉄道金沢市内線

モハ 2000 形　　県庁前　1966-6　清水　武
1950 年登場の当線初のボギー車　1967 年路線廃止により名鉄に譲渡された

60形　　蹴上　1958-8　岩沙克次
1934年登場の連接車で京阪本線直通用として造られ“びわこ号”と呼ばれた　1970年に廃車された

京阪電気鉄道大津線

260形
浜大津　1969-7
矢崎康雄
1957年登場　当初は京阪特急色であった　うしろには江若鉄道の気動車が見える　1997年昇圧により廃車となった

80形
蹴上
慶應義塾大学鉄道研究会
1961年登場の各停用車両で塗色は本形式オリジナル　1997年昇圧により廃車となった

350形　穴太付近　1979-3　後藤文男
1966年登場の石山坂本線用の車両で塗色は京阪本線一般車と同様のもの　1997年に廃車された

122形　四宮車庫　1974-7　後藤文男
1955年に製造された　当初は京阪本線でも使われた　1997年昇圧で廃車となった

800系
追分ー大谷　2008-10
寺田裕一
1997年登場の京津線用の車両で塗色は本形式オリジナルのもの　京都市営地下鉄東西線に乗入れている

800系
上栄町ーびわ湖浜大津
2020-4　寺田裕一
2017年から新しい一般車の塗色となった

700形
浜大津　2017-2
田中信吾
1992年登場で当初は京津線でも使用されたが1997年から石山坂本線専用となった

600形619　三井寺ー浜大津　2008-10　後藤文男
2008年から2009年まで“きかんしゃトーマス”のラッピングがされた

600形606　三井寺ー浜大津　2008-10　後藤文男
1984年登場で当初は京津線で使用されたが1997年からは石山坂本線専用となった

600形
浜大津　2017-2
田中信吾
2016年から2017年にかけて“琵琶湖疎水，水と歴史の，みちめぐり”のラッピングがされた

700 形 703　　三井寺－浜大津　2008-10　寺田裕一
2008 年“源氏物語千年紀”のラッピングがされた

600 形 611　　浜大津　2017-2　田中信吾
2007 年“坂本ケーブル 80 周年”のラッピングがされた

700 形 703-704　　浜大津　2007-10　岡崎利生
2007 年から“きかんしゃトーマス”のラッピングがされた

700 形 707　　坂本　2005-8　後藤文男
2001 年から 2013 年にかけて“マザーレイク”のラッピングがされた

600 形 614　　浜大津　2009-10　岡崎利生
2009 年新しい“きかんしゃトーマス”のラッピングがされた

700形702
浜大津
2017-2　田中信吾
2016年から2020年にかけて80形の復刻塗装がされた

700形703
びわ湖浜大津　2020-4
寺田裕一
2017年から“おでん電車・ビール電車”となった

600形604
びわ湖浜大津
2020-9
寺田裕一
2020年“びわこ号”復刻塗装となった

N1 形　　堀川下立売－堀川丸太町　1961-3　村松　功
狭軌の堀川線で使用された車両で同線は 1961 年に廃止された

京都市交通局

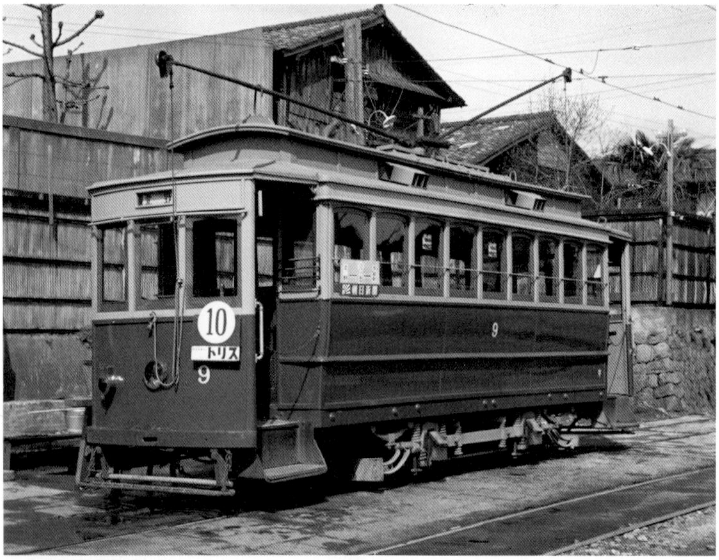

N1 形　　北野車庫　1961-3　岩沙克次
京都電気鉄道が 1895 年に開業した中立売線に投入した車両で狭軌だった

N1 形　　堀川通　1961-7　鈴木重久
堀川線廃止を記念して登場時の姿に復元された

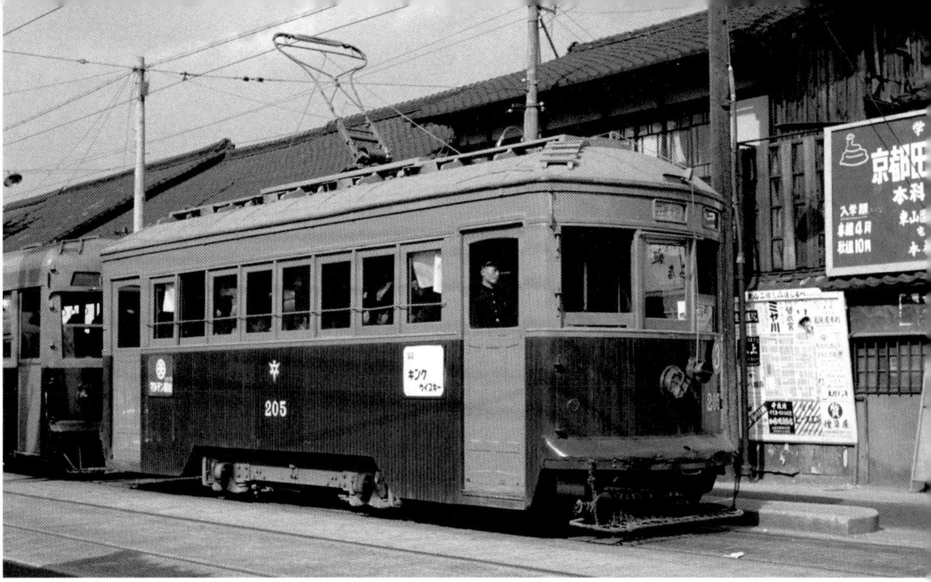

200形
1961-3　岩沙克次
1927年登場の単車　1959年に廃車された

700形　1971-7　後藤文男
1958年登場　1974年の廃車までワンマン化されずに残った

1800形
七条大橋　1978-8
後藤文男
1950年800形として登場した　1968年からワンマン化改造され1800形となった　1978年の市電全廃まで活躍した

京福電気鉄道嵐山線

モボ 111 形
帷子ノ辻－太秦広隆寺　1989-7　岩沙克次
1932 年に登場　1993 年に廃車された

モボ 21 形 26　山ノ内－西大路三条　2018-3　田中信吾
1994 年製造のレトロ調車両　2 両造られ 26 は帯色が金色

モボ 21 形 27
帷子ノ辻－太秦広隆寺　2007-6　後藤文男
27 は帯色が銀色

モボ 631 形 631　西院　2010-4　寺田裕一
2009 年 631 は江ノ島電鉄との姉妹提携で江ノ電カラーとなった

モボ 631 形 631　西大路三条　2018-3　田中信吾
2014 年キャラクターのステッカーが貼られた

モボ631形　嵐山　2009-4　寺田裕一
2009年から2012年まで化け電となった

モボ501形　山ノ内－西大路三条　2007-8　後藤文男
1984年登場　当初は他形式とは異なった塗色だった

モボ631形
帷子ノ辻－太秦広隆寺
2009-4　寺田裕一
1995年製造

モボ501形
嵐電天神川－山ノ内
2017-2　田中信吾
2016年改造が行われ扉の位置が変更された　他形式とともに2010年塗色が新しい標準色(京紫色)になった

阪堺電気軌道

モ 101 形　　　文藏正弘
1924 年に当社の前身である南海鉄道が製造した南海電 3 形　1967 年に廃車された

モ 151 形　　　阿倍野付近　1981-10　今西　泉
1927 年電 4 形として登場　1989 年に廃車された

モ 205 形　　　大和川車庫　1975-2　後藤文男
1937 年モ 2001 形として登場　平野線（1980 年廃止）を中心に活躍した　1980 年に廃車された

モ 301 形
大和川車庫　1975-2
後藤文男
1948 年から 1952 年にかけてモ 151 形およびモ 161 形を間接自動制御に改造したもの　2000 年に廃車された

モ 161 形　　姫松付近　2011-5　大野眞一
1928 年に南海鉄道が製造したもので定期運行される電車としては国内最古である

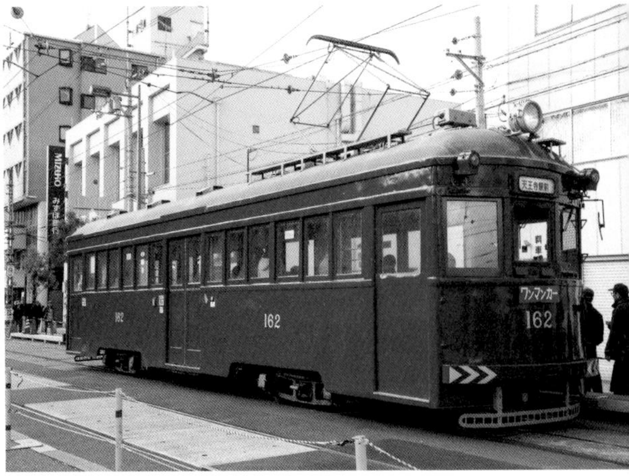

モ 161 形 162　　住吉鳥居前　2018-1　田中信吾
162 は緑一色となった

モ 161 形 164　　住吉鳥居前　2018-1　田中信吾
164 は 2017 年に水色に雲塗装となった

モ 161 形 168　　住吉鳥居前　2008-3　後藤文男
かつての標準色

モ 161 形 166　　宿院　2010-12　松本幸久
166 は黄緑色に雲塗装となったが 2017 年に 505 と同様の金太郎塗装となった

モ 161 形 164　　塚西－東粉浜　2012-4　後藤文男
164 は黄色の帯が巻かれた

モ 161 形 164　我孫子道　2012-4　後藤文男
164 は 2014 年に茶色に変更された

モ 161 形 162　塚西　2020-12　寺田裕一
162 は 2020 年西鉄北九州線の塗色にされた

モ 501 形
我孫子道車庫　2011-11
亀井秀夫
502 は 2010 年東京都電との共同企画で旧都電色に塗られた

モ 501 形 504　北畠－姫松　2007-5　後藤文男
1957 年登場の高性能車で 504 はオレンジ色に雲塗装となったことがあった

モ 501 形 505　住吉　2018-12　後藤文男
2017 年に竣工当時の色となった

モ701形
我孫子道－大和川　2000-1　寺田裕一
1987年に登場した24年ぶりの新造車　現在はすべて広告電車となりこの塗装は存在しない

1001形1001　住吉鳥居前－住吉　2018-1　田中信吾
2013年登場の超低床車で“堺トラム”と呼ばれている

1001形1002　住吉鳥居前　2018-1　田中信吾
第2編成は紫色となった

1001形1002　住吉鳥居前　2018-1　田中信吾
2015年登場の第3編成は青色となった

1101形1101　北畠　2020-4　寺田裕一
2020年登場の第4編成

モ251形
我孫子道車庫
2011-11
亀井秀夫
もと京都市電1800形で1978年から1979年にかけて譲受けたもので塗装は京都市電時代のまま使用された1995年に廃車となったが256は我孫子道車庫内で動態保存されている

デト11形　大和川車庫　1975-2　後藤文男
1952年登場の電動貨車　2000年に廃車されたが現在も無車籍で我孫子道車庫に保存されている

デト11形　我孫子道車庫　2008-3　後藤文男
阪堺標準色に塗り替えられた

デト11形　我孫子道車庫　2011-11　亀井秀夫

構内入換車　我孫子道車庫　2008-3　後藤文男
阪堺標準色に塗られている

3001 形　　文藏正弘
1956 年登場の“和製 PCC カー”で直角カルダン駆動

大阪市交通局

2601 形　　都島車庫　1969-3　今井啓輔
1955 年登場　のちにワンマン化され青帯が巻かれた　大阪市電は 1969 年に全廃された

31 形　　浜田車庫　1975-2　後藤文男
1929 年登場　当線は 1975 年に廃止された

阪神電気鉄道国道線・甲子園線・北大阪線

201 形　　甲子園　1973-8　後藤文男
71 形の増備として 1942 年登場　窓が大きいことから“金魚鉢”と呼ばれた

800形　　長田　文藏正弘
1937年登場　車体が大形化され3扉となった　1969年から廃車が始まったが市電廃止の1971年まで残った車両もあった

神戸市交通局

1000形　　和田岬　1970-3　後藤文男
1949年登場　市電廃止の1971年まで活躍した

300 形　　　　　　　　　　　　　　　　　　　　　　　　市駅　1969-8　亀井秀夫
1937 年登場　車体長 10m の小形車　1971 年の廃線まで使われた

南海電気鉄道和歌山軌道線

321 形　　　　　　　　　　　　　　　　　　　　　　市役所前付近　1970-7　矢崎康雄
1963 年登場　当線は 1971 年に廃止された　324 は伊予鉄道に譲渡された

300形　西川付近　1969-4　森　邦明
1950年登場の単車

100形　東山車庫　1972-3　矢崎康雄
1928年登場の単車　赤帯はワンマンカーを示した

岡山電気軌道

3800形
岡山駅前　1975-3　後藤文男
もと名古屋市電1550形で1974年に譲受けた

7100形
西大寺町－小橋　1983-2
佐藤公亮
1981年に登場　7000形と同タイプだが足回りは1000形のものが流用されている

9200 形 9201
岡山駅前　2019-12
後藤文男
2002 年登場の超低床車で“MOMO”と呼ばれている

9200 形 1011
東山　2018-9
亀井秀夫
2011 年登場　屋根部が青くなり 9200 形であるにも拘わらず車番は 1011 となった“MOMO2”と呼ばれている

3000 形 3005　　中納言ー門田屋敷　2013-4　千葉健太
もと東武日光軌道線 100 形で 1968 年同線廃止により当社に譲渡された　3005 は 2005 年東武日光軌道線の塗色にされた

3000 形 3010　　東山　1991-1　岡崎利生
1991 年レトロ調の塗色にされた

3000形3007　東山　2006-3　後藤文男
2004年更新が行われ黒色に塗られた“KURO”と呼ばれている

7000形7001　東山　2018-12　亀井秀夫
1980年登場　2009年2代目“たま電車”となった

9200形1081A
岡山駅前－西川緑道公園　2019-4
山田信一
2018年登場の観光電車で“おかでんチャギントン”基本は1011と変わりない　A号車は“ウィルソン”と呼ばれている

9200形1081B
柳川　2019-2
山田信一
B号車は“ブルースター”と呼ばれている

広島電鉄

750 形
猿猴橋町－広島駅
1962-2
今井啓輔
もと大阪市電 1601 形で 1965 年に譲受けた

550 形
紙屋町　1980-10
今井啓輔
1955 年登場
2006 年に廃車された

570 形
紙屋町　1973-8　後藤文男
もと神戸市電 500 形で 1971 年から 1973 年にかけて譲受けた　塗色は神戸市電時代のままだったが黄色の細帯は広電で付けられたものでワンマンを示す　前面下部の黄色の菱形は追突防止のために付けられた

800 形（初代）　宇品　1981-8　岩沙克次
1951 年登場　1983 年に廃車された

550 形　白島－家庭裁判所前　2006-3　後藤文男
1955 年登場　2006 年に廃車された

2000 形　千田車庫　1973-8　後藤文男
1960 年登場したもので 1962 年宮島線直通用となりこの塗色となった　1974 年に連結化改造された

3000 形　広島港－元宇品口　2006-3　後藤文男
もと西鉄福岡市内線 1101 形・1201 形・1301 形を譲り受け 3 車体に改造したもの

3100 形　阿品　1991-5　岡崎利生
1986 年登場　1988 年ドイツ人画家によるエアブラシ画が描かれた“ピースバーン号”となった

650形　　土橋　2017-8　寺田裕一
1942年登場　1945年8月6日原爆投下により被爆したが翌年復旧した　塗色は当時のもの

600形（2代目）　　江波車庫　2008-10　松本幸久
もと西鉄北九州線500形で1977年に譲り受けた　塗色は西鉄時代のもの

1900形　　十日市町　2018-11　田中信吾
もと京都市電1900形で1977年に譲り受けた　塗色は京都市電時代のもの

900形　　本川町－原爆ドーム前　2012-11　皆川雅彦
もと大阪市電2601形で1969年に譲り受けた　塗色は大阪市電時代のもの

570形
千田車庫
2018-10
後藤文男
もと神戸市電500形で塗色は黄色帯と警戒標識がなくなり神戸市電時代のものとなった

70 形 77　荒手車庫　1982-10　岩沙克次
もとドイツ・ドルトムント市電 1981 年に譲受けた　塗装はドルトムント時代のままだった　2006 年に廃車された

70 形 76
鈴峯女子大前－広電五日市　1982-10　岩沙克次
77 とともに 1981 年に譲受けハノーバー時代の広告のまま 2008 年まで使用された

200 形（2 代目）　江波車庫　2010-6　今井啓輔
もとドイツ・ハノーバー市電で 1988 年にハノーバー市から寄贈された

100 形（2 代目）
横川一丁目－横川駅　2010-8　岡崎利生
広電開業当時の車両を模して 1984 年に製造された

750 形 768　千田車庫　2018-10　後藤文男
2016 年に 768 はイベント用に改造され“トランルージュ”と呼ばれている

貨 50 形　広電本社前　2012-5　坂戸宏太
1979 年に 750 形を花電車用に電動貨車としたもの

700形（2代目）　　広電西広島　1989-3　浅原信彦
1982年に登場

800形（2代目）　　八丁堀　2008-10　松本幸久
1983年に登場

3500形　　胡町　1982-6　岩沙克次
1980年に登場したもので“軽快電車”と呼ばれている

3100形　　山陽女子大前ー楽々園　1989-3　浅原信彦
1961年に登場した2車体連接構造の2500形を1985年から3車体連接に改造　“グリーンライナー”と呼ばれている

3700形　　広電本社前　2012-5　坂戸宏太
1984年登場　“グリーンライナー”と呼ばれている

3800形
広電廿日市ー山陽女子大前　1989-3　浅原信彦
1987年登場　“グリーンライナー”と呼ばれている

3900形　　胡町－八丁堀　2013-8　木村和男
1990年登場　“グリーンライナー”と呼ばれている

3950形　　元宇品口　2006-3　後藤文男
1997年登場　“グリーンライナー”と呼ばれている

5000形
本川町－原爆ドーム前
2006-3
後藤文男
1999年に登場した超低床車でドイツ・シーメンス社で造られた“グリーンムーバー”と呼ばれている

5100形
広島港－元宇品口
2006-3
後藤文男
2005年に登場した超低床車で純国産である“グリーンムーバーマックス”と呼ばれている

1000形（2代目）1002　八丁堀－立町　2013-8　木村和男
2013年に登場した3車体の超低床車で“ピッコラ”と呼ばれていた

1000形（2代目）　土橋－十日市町　2018-11　田中信吾
1003以降は“グリーンムーバーレックス”と呼ばれている

1000形（2代目）1002
十日市町　2018-11　田中信吾
2016年フラワートレインのラッピングがなされた

1000形（2代目）1001　広電本社前　2020-11　後藤文男
2019年車体半分が広電バス塗装　裏側は標準色になった

5200形　廿日市市役所前－宮内　2020-3　寺田裕一
2019年に登場した5車体連接車で“グリーンムーバーエイペックス”と呼ばれている

200形
1930年登場　当線初のボギー車　1970年までに廃車された

下関駅前　1969-8　矢崎康雄

山陽電気軌道

800形
1959年登場　1971年の路線廃止後土佐電気鉄道（現在のとさでん交通）に譲渡された

下関駅前　1969-8　矢崎康雄

モハ 50 形　西堀端　1962-3　鈴木重久
1951 年登場の当線初のボギー車　のちに後部扉の位置が中央に移設された

モハ 50 形 1002　古町車庫　1973-8　後藤文男
もと呉市電 1000 形で 1967 年に譲受けた

モハ 50 形 61　古町　2010-8　岡崎利生
1957 年製造の 59 から前面中央窓がやや大きくなった

伊予鉄道松山市内線

モニ 31 形　古町車庫　1983-2　佐藤公亮
1971 年土佐電気鉄道から 312 を譲受け車体上部を撤去し花電車用としたがあまり使われることはなく 2006 年に廃車された

モハ 2100 形　　大手町　2011-6　寺田裕一
2002 年登場の部分低床車で台車の上は高床である　登場時の塗装

モハ 50 形 71　道後公園－道後温泉　2018-4　田中信吾
1963 年登場　2015 年から鉄道線と同時にコーポレートカラーが採用されオレンジー色となった

モハ 2100 形　　南堀端　2018-4　田中信吾
コーポレートカラーが採用されたが窓回りは黒色のままだある

モハ 5000 形　　道後公園－道後温泉　2018-4　田中信吾
2017 年登場　モハ 2100 形同様部分低床車であるが低床部分が広がった

坊っちゃん列車（D1 形＋ハ 1 形）　　道後公園－道後温泉　2018-4　田中信吾
観光目的で 2001 年に登場　機関車は煙害防止のためディーゼルである

600形603
知寄町　1973-8
後藤文男
1957年に登場した601～621は自社工場で製造された

600形614　安芸　1973-8　後藤文男
601・602・608・609・612～631は2両連結で安芸線乗入れ用として使われた

800形
デンテツターミナルビル前ー菜園場町　2018-4　田中信吾
1971年に廃止された山陽電気軌道から譲受けたもの

とさでん交通（旧土佐電気鐵道）

200形　蛍橋付近　2018-4　田中信吾
1950年登場　都電6000形によく似ている　2015年に金太郎塗装が復刻された

200形213　桟橋車庫　2008-2　寺田裕一
211以降は集電装置がパンタグラフとなった　213はツーマンの時代の塗装に復刻された

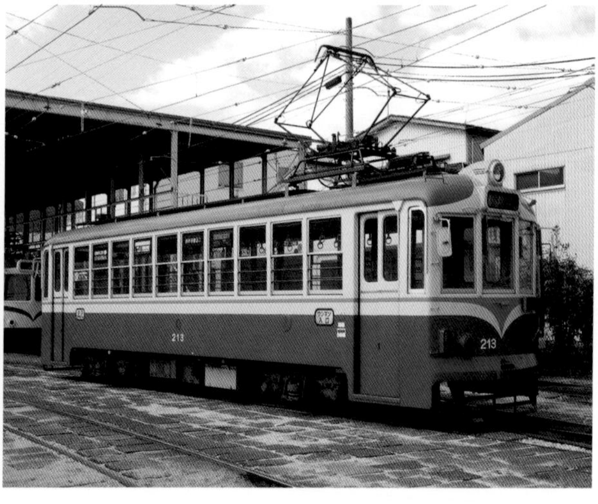

300 形　　　　　　　　　　　　栈橋車庫　2005-10　今井啓輔
もと西鉄北方線 323 形で 1981 年から使われた　1985 年イベント用に改造され塗色も変わった　2007 年に廃車された

700 形 702　　　　　　　　後免町　2006-4　岡崎利生
702 は 2005 年山陽電気軌道時代の塗色にされ“ふくふく下関号”となったがのちに標準色になった

1000 形
栈橋車庫前－栈橋通五丁目　2018-2　後藤文男
1981 年登場の冷房車　台車・制御器は西鉄 331 形の流用

590 形　　　　　　　　　　はりまや橋　2018-4　田中信吾
もと名鉄モ 590 形で 2005 年に譲受けた　塗色は名鉄時代のまま

600 形
はりまや橋
2018-4
田中信吾
1957 年登場
2014 年土佐電気鐵道・高知県交通・土佐電ドリームサービスの 3 社が統合し第三セクターの新会社とさでん交通が誕生しそのコーポレートカラーが採用された

2000 形
菜園場町付近
2018-4
田中信吾
2000 年登場　機器を 200 形から流用した更新車

100 形　　桟橋車庫前　2018-4　田中信吾
2002 年登場の部分低床形車両　運転台後部は高床となっている　“ハートラム”の愛称が付けている

3000 形　　はりまや橋　2018-4　田中信吾
2018 年登場の超低床形車両　100%超低床となった　“ハートラムⅡ”の愛称が付けている

533 形　桟橋通五丁目　2000-5　矢崎康雄
もとポルトガル・リスボンの市電　1991 年に入線し 2008 年に廃車された

320 形　桝形　2010-11　竹中寿人
もとオーストリア・グラーツ市電　1992 年に入線した

735 形
桟橋車庫前付近　2000-5　矢崎康雄
もとドイツ・シュツットガルト市電　1990 年に使用開始されたが 2014 年に福井鉄道に譲渡された

910 形　桟橋車庫前　2008-2　寺田裕一
もとポルトガル・リスボンの市電　1990 年に入線し 1994 年から運行された　先頭部は大改造された

198 形
高知駅前　2000-5
矢崎康雄
もとノルウェー・オスロの市電で 1992 年から運行が開始された　2016 年オスロ時代の塗装に戻された

800 形 802
はりまや橋　2018-4
田中信吾
201X 年 802 は"おきゃく電車"となった　"おきゃく"とは高知県では宴会のことでこの電車を貸切って車内で宴会ができる

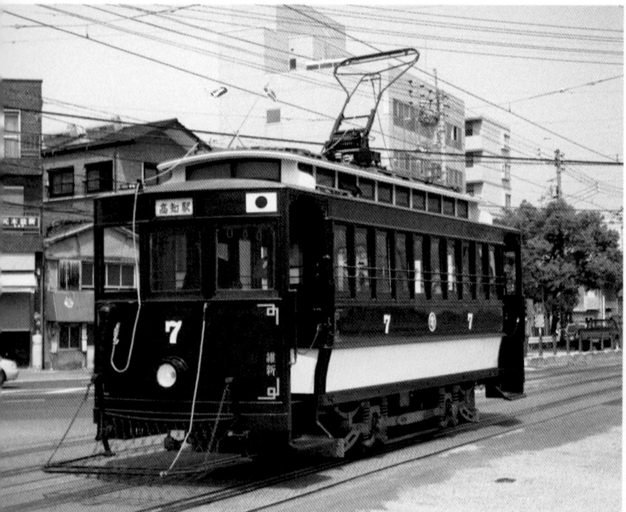

7 形　桟橋車庫前付近　2000-5　矢崎康雄
1984 年に製造されたレトロ復元車で 1905 年製の 7 形のレプリカ

貨 1 形　知寄町車庫　1983-2　佐藤公亮
1952 年登場の電動貨車

100形
天神町　1965-1　加藤　湊
1911年登場の九州電気軌道1形　1950年から福岡市内線に転属し100形に改番された

西日本鉄道福岡市内線

551形
大学病院前付近　1975-3　後藤文男
1944年製造　1968年からワンマン化改造された　当線は1979年に全廃された

1形　貝塚　1966-3　今井啓輔
当線の前身福博電車の車両を改造した散水電車

20形　金平付近　1975-3　後藤文男
花電車用で1978年長崎電気軌道および鹿児島市交通局に譲渡された

1000形
幸町　1963-7　鈴木重久
1953年登場　当初は2車体連接であったが1962年から3車体連接も造られた

西日本鉄道北九州線

600形
牧山付近　1981-8　後藤文男
1950年登場　1976年からこの塗装となった

66形　中央町　1981-8　後藤文男
1929年から1930年にかけて西鉄の前身である九州電気軌道が製造した
1980年からこの塗装となった

600 形
砂津　1992-9
志村聡司
1986 年から冷房化されこの塗装となった　1992 年までに併用軌道区間が全廃され残った専用軌道区間の黒崎駅前－折尾間も 2000 年に廃止された

323 形　　北方車庫　1972-9　後藤文男
1956 年登場の北方線用車両　北方線は狭軌で 1980 年に廃止された　写真の 324 は土佐電気鉄道に譲渡された

北九州市交通局

101
浜町車庫　1975-8　後藤文男
1951 年登場　当線は 1936 年に当時の若松市が開業した若松市営軌道で貨物専業であったが 1975 年に廃止された

長崎電気軌道

62形63
西町車庫　1966-3　今井啓輔
1924年製造　63は1952年に車体が載せ替えられたが1969年に廃車された

360形　長崎駅前ー小川町　1962-3　村松　功
1961年登場　300形以来ひさびさの新造車

170形176　浦上車庫　1972-10　後藤文男
もと九州電気軌道35形で1959年に西鉄から譲り受け1976年まで使われた

160形168　浦上車庫　1981-8　後藤文男
もと九州電気軌道1形で1959年に西鉄から譲り受けた
1978年緑一色に塗替えられた

160形168　蛍茶屋　2006-10　大野眞一
1985年長崎電気軌道創業時の色に塗替えられた

211形　　　　　　　　　　西浜町付近　1994-7　後藤文男
1951年製造　前面の赤帯はワンマン車両を示していた

211形　　　　　　　　　　蛍茶屋　2017-11　田中信吾
全車ワンマン化され前面の赤帯は廃止された

2000形　　　　　　　　　　浦上車庫　1981-8　後藤文男
1980年登場の“軽快電車”といわれるもの　2014年に廃車された

1500A形　　　　　　　　　浦上車庫前　2008-3　寺田裕一
1993年登場の1500形を2010年間接制御化したもの

1800形　　　　　　　　　　蛍茶屋　2017-11　田中信吾
2000年登場　車体の大形化がなされ主幹制御器と制御装置が新製された　台車・主電動機は1500形同様西鉄600形の流用

300形310　　　　　　　　　大波止　2019-3　後藤文男
2017年港町長崎をイメージ付けるため内外装とも改装され“MINATO”と名付けられた

600形
長崎大学前　2017-11
田中信吾
もと熊本市電170形で1970年に譲受けた　1985年熊本市電時代の塗色に復元された

150形
市民会館　2019-3
岡崎利生
もと箱根登山鉄道小田原市内線モハ20形で同線廃止により1957年に譲受けた　1988年箱根登山時代の塗色に復元されたが2019年に廃車された　2021年保存のため小田原に里帰りした

1050形　浦上車庫　2005-9　寺田裕一
もと仙台市電モハ100形で1976年に譲受けた　1985年に仙台市電時代の塗色に復元されたが2019年に廃車された

700形　浦上車庫　2019-3　後藤文男
もと東京都電2000形で1969年に譲受けた　1985年に都電塗装となったが2019年に廃車された

3000 形
西浜町　2011-11
大野眞一
2004 年登場の当社初の超低床車で VVVF インバータ制御

5000 形
公会堂前　2012-10
寺田裕一
2011 年登場の超低床車

87 形（2 代目）
浦上車庫　2017-11　田中信吾
2015 年に 202 形 204 を花電車用の電動貨車に改造したもの　写真は 2015 年の電車開通 100 周年記念の装飾

熊本市交通局

350形
市役所前－熊本城前
1962-3　村松　功
1960年登場　1966年から1967年にかけてワンマン化が行われ1350形に改番された

130形　　大江車庫　1972-10　後藤文男
1949年登場　ワンマン化されることなく1974年に廃車された

1090形 1097　　大江車庫　1972-10　後藤文男
1955年188形として登場　190形とともに1967年から1968年にかけてワンマン化改造され1090形に改番された

5000形
熊本駅前　1982-3　佐藤一郎
もと西鉄福岡市内線1000形で1976年から1979年にかけて譲受けた

8200形　辛島町付近　2017-11　田中信吾
1982年登場のわが国初のVVVFインバータ制御車

1200形　西辛島町－洗馬橋　2010-2　山田信一
1958年200形として登場　1966年にワンマン化され1200形に改番された　1990年から8200形に準じた塗装となった

1080形1082　大江車庫　1997-4　大野眞一
1954年180形として登場　1967年から1968年にかけてワンマン化改造が行われ1080形に改番された　1992年1082・1085はこの塗装となった

5000形5015　水道町　1998-12　大野眞一
1992年1082・1085とともにこの塗装となった

50形（2代目）　交通局前　1983-8　佐藤公亮
1979年と1983年に1050形を種車に製造された花電車用の電動貨車　2015年廃車された

5000形5010　水道町　1998-12　大野眞一
1990年頃この塗装となった

5000形5015
味噌天神－水前寺駅通
2006-3　岩切道郎
1999年この塗装となった

9200 形 9203　辛島町－西辛島町　2011-5　山田信一
1992 年登場　9203 ～ 9205 はこの塗装である

8800 形 8802　辛島町付近　2010-12　岡崎利生
1988 年登場　8802 は“桂林”と名付けられている

9200 形 9202　辛島町－西辛島町　2011-5　山田信一
1992 年登場　9202 はこの塗装である

9200 形 9201　辛島町付近　2017-11　田中信吾
1992 年登場　9201 は“ハイデルベルク”と名付けられこの塗装となった

8800 形 8801　水前寺駅通付近　2000-4　岡崎利生
1988 年登場　8801 は“サンアントニオ”と名付けられている

8800 形 101　熊本駅前　2003-7　岡崎利生
1993 年登場のレトロ調電車

9700 形 9703　　　辛島町－西辛島町　2017-11　田中信吾
1997 年登場のわが国初の超低床車

9700 形 9701　　　熊本駅前　2000-4　岡崎利生
1997 年登場のわが国初の超低床車　裾回りがブルーのグラデーションとなっていた

9700 形 9701　　　蔚山町　2019-12　後藤文男
2019 年裾回りのグラデーションがブルー一色となった

5000 形 5014　　　上熊本車両基地　2011-5　藤岡雄一
2002 年西鉄時代の塗色に復元され 2017 年に更新された

0800 形　　　辛島町付近　2017-11　田中信吾
2009 年登場の超低床車

0800 形 0803　　　慶徳校前　2016-7　山田信一
2014 年熊本市電開業 90 周年の記念事業で登場“COCORO”と名付けられている

鹿児島市交通局

400 形
交通局　1966-3　今井啓輔
1950 年から 1953 年にかけて東京都電 4000 形の更新前の木造車体を譲受け鋼体化した　写真の 415 は鋼板張り

撤 1
散水電車
交通局　1966-3　今井啓輔

貨 1
電動貨車
交通局　1966-3　今井啓輔

600 形
交通局前－荒田八幡　1962-3
村松　功
1959 年登場

800形
1975-3　後藤文男
1967年登場　もと大阪市電2600形を改造したもの

600形　私学校跡　1980-8　後藤文男
一時期この塗装になった

800形　高見馬場　1980-8　後藤文男
一時期この塗装になった

800形　高見馬場　1982-12　佐藤公亮
1995年から2000年にかけて廃車された

500形　神田車庫　2018-9　亀井秀夫
1955年登場　1981年から冷房化された

700形・800形
鹿児島駅前　1993-3
岡崎利生
700形は大阪市電3001形を譲受け連接車に改造したもので1966年に登場した　1994年までに廃車された

9500形
高見馬場－加治屋町　1998-10　岩切道郎
1995年登場　主要機器は800形の流用　当初はこの塗装だったがのちに黄色と緑色の標準色になった

2100形2101　交通局　1989-3　藤岡雄一
1989年登場　これは登場時の塗装

2100形　郡元　2016-12　後藤文男
2007年からこの標準塗装となった

600形601
鹿児島中央駅前－都道　2012-3　小林尚智
1959年に登場した　2013年かごしままち巡り推進事業の一環として“白くま黒豚電車でんでん”となった

600形601　武之橋－新屋敷　2012-3　小林尚智
黒豚の反対側には白くまが描かれていた

2110 形 2111　鹿児島中央　2002-9　田中信吾
1991 年登場　姉妹都市のイタリア“ナポリ”と名付けられた

2110 形 2112　鹿児島駅前　1993-3　岡崎利生
姉妹都市のオーストラリア“パース”と名付けられた

2110 形 2113　鹿児島駅前　1991-5　岡崎利生
姉妹都市の中国“長沙”と名付けられた

2120 形 2121　郡元南－郡元　2007-4　小林尚智
1991 年登場　姉妹都市のアメリカ“マイアミ”と名付けられた

2120 形 2122　いづろ通　2005-9　小林尚智
姉妹都市の山形県“鶴岡”と名付けられた

2130 形 2131　いづろ通　2005-9　小林尚智
1992 年登場　姉妹都市の岐阜県“大垣”と名付けられた

600形605
武之橋車庫　2012-12　小林尚智
605は1991年にビール電車に改造された

600形605　神田ー市立病院前　2017-10　亀井秀夫
2017年に貸切専用車をリニューアルし“カフェトラムC6”とした

100形　神田車庫　2020-2　寺田裕一
2012年に登場した観光電車で“かごでん”と呼ばれている　車体は新造で下回りは616のものが流用されている

20形花2　武之橋車庫　2008-10　小林尚智
もと西鉄福岡市内線の20形花電車で1979年に譲受けた　一時期散水車として使われていたことがある　2020年の運行を最後に引退した

500形512　武之橋車庫　2012-12　小林尚智
2010年に芝刈り機牽引電車兼散水電車となった　車内は座席が撤去され水タンクが置かれている

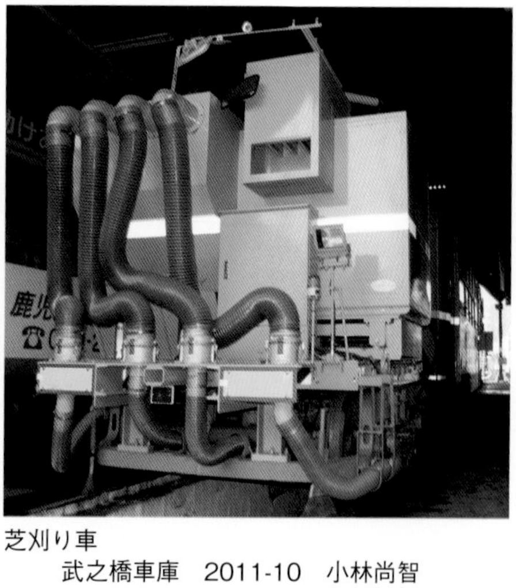

芝刈り車
武之橋車庫　2011-10　小林尚智
廃車となった513の台車が転用されている

1000形
水族館口－桜島桟橋通
2002-12
小林尚智
2002年に登場した3車体連接の超低床電で“ユートラム”と呼ばれている

7000形
桜島桟橋通
2009-7
大野眞一
2007年に登場した5車体連接の超低床車で“ユートラムⅡ”と呼ばれている

7500形
高見馬場
2017-8
大野眞一
2017年に登場した2車体連接の超低床車で“ユートラムⅢ”と呼ばれている

500 形　　新川　1966-2　今井啓輔
1956 年に登場した　当線は 1972 年に廃止され 504・505 が岡山電気軌道に譲渡された

大分交通別大線

1100 形　　新川　1966-2　今井啓輔
1963 年に登場した 2 両連結車　連接車 1000 形もこの塗装だった

日本甜菜製糖
芽室工場専用線

DD201
芽室工場　2008-8
藤岡雄一
1981 年日立製作所製の 45t 機　当線は JR 北海道根室本線帯広貨物駅から分岐しており 2012 年に廃止された

DE10 1543
芽室工場　2007-6　寺田裕一
2004 年に廃車となった JR 東日本 DE10 1543 を譲受けたもので当鉄道廃止後は秋田臨海鉄道に譲渡された

日本セメント
上磯鉄道

6
万太郎沢　1978-8　志村聡司
1935 年東洋電機製　当鉄道は国鉄江差線上磯駅から工場および鉱山と工場の間を結んでいたが 1989 年に廃止された

専用線

DD1002　真谷地　1982-9　佐藤公亮
日立製作所製で 1975 年夕張鉄道から譲受けた　当鉄道は JR 北海道石勝線沼ノ沢駅から真谷地炭鉱までの 4.4km を結んでいた　炭鉱の閉山に伴い 1987 年に廃止された

キ 1　真谷地　1982-9　佐藤公亮
1975 年夕張鉄道から譲受けた除雪車

北海道炭礦汽船真谷地炭鉱専用鉄道

鉄原コークス専用線

S-304
御崎駅付近　1982-9
佐藤公亮
1939 年日本車輌製で室蘭の鉄原コークスの工場から室蘭本線御崎駅までの間で使われていたが 1982 年廃車となった　今は三笠鉄道村で保存されている

DD13 40　北旭川　2004-7　田中信吾
1959 年日立製作所で製造された　宗谷本線にある JR 貨物北旭川駅から日本オイルターミナル旭川営業所までの専用線が分かれていて旭川通運が入換えを行っていたが 2012 年に廃止された

DD5603　北旭川　2004-7　田中信吾
1996 年苫小牧港開発から DD5603 を譲受けた　1972 年川崎重工製

日本オイルターミナル旭川営業所専用線

DD35 1　　北沼　2018-10　田中信吾
1974 年日本車輛製の 35t 機で八戸通運が所有しており八戸臨海鉄道北沼駅に接続する当線で使用されている

DD35 3　　北沼　2020-10　藤岡雄一
2020 年北陸重機製の 35t 機

三菱製紙八戸工場専用線

DB25 形 1　　宮下　2003-3　田中信吾
1969 年日本車輌で製造された 25t 機で福島臨海鉄道宮下駅から分岐する当線で使用されていた

東邦亜鉛小名浜製錬所専用線

203　　秋田港　2007-5　寺田裕一
1975 年協三工業製 20t 機　国鉄土崎工場で使用後秋田鉄鋼埠頭を経て 1995 年秋田臨海鉄道に譲渡された　2008 年日本製紙秋田工場専用線に移った

秋田製錬飯島製錬所専用線

新日鐵釜石製鉄所専用線

DD503　　1984-8　岩切道郎
1977 年協三工業製の 50t 機　当線は国鉄釜石駅から製鉄所までを結んでいた

DC212　　1984-4　佐藤公亮
1961 年協三工業製の 20t 機　工場内の貨車入換専用として使われた

DD40 A1　石巻港　2018-10　田中信吾
北陸重機製　当線は JR 貨物仙石線貨物支線石巻港駅から分かれる

日本製紙石巻工場専用線

DD40 N1　岩沼　2017-5　田中信吾
2005 年北陸重機製 40t 機　当線は JR 東日本東北本線岩沼駅から分かれる

日本製紙岩沼工場専用線

DD451　常磐共同火力勿来発電所　1970-3　大野眞一
1970 年新潟鐵工で製造された　当線は国鉄常磐線植田駅から勿来発電所を結んでいた　1981 年に廃止された

常磐共同火力勿来発電所専用線

DD101　玉山区　1981-7　佐藤一郎
国鉄常磐線四ツ倉駅から分かれていた専用線　1985 年に廃止された

住友セメント四倉工場 玉山鉄道専用線

日立セメント専用線

No. 351
日立セメント工場　2005-1　田中信吾
JR 東日本常磐線日立駅から工場を結ぶ専用線で 1964 年日立製作所製の 35tDL が活躍していたが 2006 年に廃止された

BL 2　勝田駅付近　1988-8　志村聡司
JR 東日本常磐線勝田駅から分かれていた専用線で従業員輸送用にもと東急 6000 系を 2 両引いていたバッテリー機関車　当線は 1993 年に廃止された

日立製作所水戸工場専用線

無番　日立　2005-1　田中信吾
1972 年日立製作所製　JR 東日本常磐線日立駅から日立製作所の工場を結ぶ専用線で使用された

日立駅専用線

日本たばこ産業
宇都宮倉庫専用線

無番
　宇都宮倉庫　2020-9　藤岡雄一
JR 貨物宇都宮貨物ターミナルから分岐する専用線で使われている入換機で富士重工製の 18.5t 機　当線の入換えはジェイアール貨物・北関東ロジスティクスが担当している

麒麟麦酒
取手工場専用線

DD-2
新潟鐵工大山工場　1970
大野眞一
国鉄常磐線取手駅から麒麟麦酒取手工場までの専用線で活躍した新潟鐵工製 45t 機で日本通運が所有していた　当線は 1984 年に廃止された

日鉄鉱業羽鶴専用線

1080　　　　羽鶴　1979-6　後藤文男
東武佐野線葛生駅から出ていた会沢貨物線の上白石駅から羽鶴鉱山までの専用線で使われた機関車でもとは国鉄 1070 形　2009 年に梅小路蒸気機関車館（現京都鉄道博物館）に寄贈された　当線は 1991 年に廃止された

272　　　　1983-10　佐藤公亮
1952 年三菱重工製 25t 機

吉沢石灰工業大叶鉱業所専用線

車番不明　　　　葛生　1983-10　佐藤公亮
東武佐野線葛生駅隣接の貨物ヤードで入換えを行っていた

浜風号　　　　日本丸ー山下公園　1989-9　岡崎利生
1989 年開催の横浜博覧会で山下臨港線の一部を活用して 2 編成の気動車が運転された　博覧会終了後は三陸鉄道に譲渡されたが 2004 年と 2006 年にミャンマーに売却された

汐風号　　　　日本丸ー山下公園　1989-9　岡崎利生

横浜博覧会臨港線

NDD5602　根岸　2011-8　藤岡雄一
1999 年新潟鐵工製の 50t 機　当線は JR 東日本根岸線根岸駅に接続しており日新産業がタンク車の入換えを担当している

ENEOS 根岸製油所専用線

D504　根岸　2017-3　田中信吾
1981 年新潟鐵工製の 50t 機

日本石油輸送
メンテナンスセンター専用線

No. 46　浮島町　2001-7　田中信吾
1980 年日本車輌製の 15t 機　神奈川臨海鉄道浮島町駅から分岐する専用線で入換えに使用

DB301　安中　2017-9　田中信吾
2010 年新潟トランシス製　JR 東日本信越本線安中駅から分かれる専用線で活躍する入換機

DD352　安中　2009-1　木村和男
1969 年三菱重工製の 35t 機　東邦亜鉛グループの安中運輸の所有　以前は日本カーバイト魚津工場で使われていた

東邦亜鉛安中製錬所専用線

DB252　倉賀野　2002-8　田中信吾
1968 年日本車輛製の 25t 機　JR 東日本高崎線倉賀野駅構内で活躍する入換機　当社は現在はジェイアール貨物・北関東ロジスティクス

高崎運輸

無番　渋川　2002-8　田中信吾
1969 年日立製作所製　JR 東日本上越線渋川駅から関東電化工業までの入換えに使用

関東電化工業渋川工場専用線

無番　赤城　1989-9　亀井秀夫
1967 年協三工業製の 15t 機　上毛電気鉄道赤城駅構内で入換えに使われていた

赤城駅専用線

相模運輸倉庫専用線

No.2　田浦　2003-5　田中信吾
1969 年日本車輛製　当線は JR 東日本横須賀線田浦駅から田浦港にある自社倉庫までを結んでいたが 1998 年に使用停止され 2006 年に廃止された

秩父太平洋セメント 秩父工場専用線

D304
武州原谷　2002-11　後藤文男
1967 年日立製作所製の 45t 機　秩父鉄道の貨物駅武州原谷で入換えに活躍する　前部に誘導員室が付いている

秩父太平洋セメント 三輪鉱業所専用線

D305
三輪鉱業所　1983-8　佐藤公亮
1968 年汽車会社製 40t 機　当線は秩父鉄道影森駅から三輪鉱業所に至る路線で当機は三輪鉱業所内で入換えに使用

D502
三輪鉱業所　2017-8　寺田裕一
1972 年新潟鐵工製 50t 機　1998 年根岸の新日本石油専用線から譲受けたもの

浪速号　　三菱製紙中川工場　2003-3　田中信吾
1972 年日立製作所製　浪速工場専用線廃止後当工場に移籍した　当線は JR 東日本常磐線金町駅から三菱製紙中川工場まで延びていたが 2003 年に廃止された

無番　　三菱製紙中川工場　2003-3　田中信吾
1961 年日本輸送機製　15t ロッド式

三菱製紙中川工場専用線

花の木号　　金町　2003-2　鈴木浩一
1970 年日立製作所製

無番　　北王子　2003-4　田中信吾
協三工業製　JR 東日本東北本線貨物支線（通称北王子線）北王子駅で入換えに活躍したが当線は 2014 年に廃止された

無番　　北王子　2003-4　田中信吾
北陸重機製

北王子倉庫北王子支線

無番　　北王子　2003-4　田中信吾
日本車輛製 25t 機

無番　　北王子　2007-1　田中信吾
左の機関車を塗替えたもの

東急車輌横浜製作所

モニ 101
東急車輌横浜製作所　1963-3　吉村光夫
牽引車でもとは鶴見臨港鉄道の車両で鉄道省モハ 1 形の払下げ　のちに東急 7000 系もどきの鋼製車体に載せ替えられた

3405
東急車輌横浜製作所　1983-2　佐藤公亮
牽引車でもとは東急デハ 3405 で 1975 年こどもの国線で使用されたあと配属された

DD555
東急車輌横浜製作所　2005-1　田中信吾
1967 年富士重工製 55t 機　1992 年神奈川臨海鉄道から譲受けたもの

D-502
東急車輌横浜製作所　2012-1　後藤文男
1970 年日本車輌名古屋製の 50t 機　出光興産千葉から譲受けたもの

D352　伏木　2009-4　坂戸宏太
1968 年日本車輛製 35t 機　JR 貨物の専用線の新湊線は JR 西日本氷見線能町駅から高岡貨物駅まで出ている　この機関車はおもに貨物駅構内で 2014 年まで入換えに使われた

高岡鉄道産業

1　鹿瀬　1985-3　佐藤一郎
国鉄磐越西線鹿瀬駅から出ていた専用線　写真の機関車は 1959 年加藤製作所製　当線は 1985 年に廃止された

鹿瀬電工専用線

日本油脂
武豊工場専用線

ク 102 ＋デキ 1
衣浦工場西門－衣浦工場嶋田
1981-3　志村聡司
当線は JR 東海武豊線武豊駅から日本油脂武豊工場まで延びていた　ク 102 はもと西武の 2 代目クハ 1113　デキ 1 は日立製作所製　1983 年に工員輸送が 1986 年に貨物輸送が廃止され廃線となった

デキ 2
衣浦工場西門－衣浦工場嶋田
1979-3　志村聡司
1950 年神鋼電機

武豊工場　1984-4
佐藤公亮
762mm の蓄電池機関車　武豊工場内にある製品積み出しホーム上にあり本線の貨物に製品を積込むために使われた

王子製紙春日井工場専用線

無番　春日井　2017-10　田中信吾
北陸重機製　JR 東海中央本線春日井駅から出ている専用線

203　春日井　2019-6　田中信吾
1975 年協三工業製 20t 機

無番　春日井－工場　2018-2　田中信吾
1975 年日本車輛製 20t 機

ENEOS 北信油槽所専用線

DB25-2　坂城　2017-6　田中信吾
2017 年北陸重機製 25t 機　しなの鉄道坂城駅から出ている専用線で ENEOS の油槽所までタンク車を牽引する

大和紡績福井工場専用線

1　大和紡績福井工場　1968-8　矢放幸一
福井鉄道福武線福井新（現赤十字前）駅から出ていた専用線　写真の機関車は加藤製作所製造　当線は 1977 年に廃止された

日本製紙 富士工場専用線

D351
日本製紙富士工場　2017-4
田中信吾
1968 年日本車輌名古屋製 35t 機　伏木新湊産業から 2009 年頃移籍した　当線は JR 東海東海道本線富士駅から日本製紙富士工場に延びていたが 2017 年に廃止された

神岡鉱業専用線

D252　神岡口　1984-12　佐藤公亮
1966 年富士重工製 25t 機　1984 年三井金属鉱業から譲受けたものでまだ社紋と車番は三井のままだった

KM-252　神岡鉱山　2000-4　寺田裕一
D252 は神岡鉄道では KM-252 となり神岡鉄道神岡鉱山前駅から分岐する専用線で使われていた　2004 年貨物営業廃止により中越パルプ工業高岡工場に譲渡された

無番　南四日市　2005-12　田中信吾
協三工業製 20t 機　当線は JR 東海関西本線南四日市駅から三菱瓦斯化学と JSR 工場に延びており山九が輸送を受け持っていた

DB15　南四日市　2002-8　梶山正文
1959 年日本輸送機製 15t 機

南四日市駅専用線

DB2001　　坂祝　2006-5　田中信吾
1974 年協三工業製 20t 機　JR 東海高山本線坂祝駅から延びていた電気化学工業の専用線で使われていた

DB04　　坂祝　2006-5　田中信吾
1969 年協三工業製 10t 移動機

坂祝駅専用線

OD25　　坂祝　2006-5　田中信吾
1970 年日立製作所製 25t 機で太平洋小野田セメントの専用線で使われていた

荻布倉庫専用線

301　　荻布倉庫　2005-12　田中信吾
協三工業製　当線は JR 新湊線高岡貨物駅から荻布倉庫へ延びている

日産化学速星工場専用線

251　　速星　2005-12　田中信吾
1970 年日立製作所製 25t 機　当線は JR 西日本高山本線速星駅から日産化学富山工場へ延びる

中越パルプ工業二塚工場専用線

DB251　　二塚　2005-12　田中信吾
1965 年日本車輌製 25t 機で中越運送からの借入車　当線は JR 西日本城端線二塚駅から中越パルプ工業二塚工場まで延びていた　2017 年に廃止された

DB251 ＋ DB252
塩浜　2011-2　皆川雅彦
DB251 は 1966 年日本車輌製　DB252 は 1976 年日本車輌製　JR 貨物塩浜駅と三菱化学四日市事業所の間で使われた

塩浜駅専用線

No. 14・15　塩浜　2005-12　田中信吾
No. 14 は 1998 年北陸重機製 28t 機　塩浜駅と昭和四日市石油の間で使われている

DL106　塩浜　2005-12　田中信吾
1973 年日本車輌名古屋製 25t 機　塩浜駅と石原産業四日市工場の間で使われている

四日市駅専用線

無番　四日市　2005-12　田中信吾
1995 年北陸重機製　四日市駅とコスモ石油精油所の間で使われている

DD451　太平洋セメント　2005-12　田中信吾
1970 年日本車輌製の 45t 機　2014 年に廃車となった

太平洋セメント 四日市出荷センター専用線

DD452　太平洋セメント　2005-12　田中信吾
1983 年富士重工製の 45t 機で 1999 年に高崎運輸倉賀野から転入した

デンカ青海工場専用線

DS-7　　デンカ青海工場　2017-6　田中信吾
2012 年北陸重機製　デンカ青海工場内で使われている

テコ 400 形 401
　デンカ青海工場　2017-6　田中信吾
日立製作所製　石灰石輸送に使用されているホッパー車

日本石油米原油槽所専用線

車番不明　　　　　　　鳥居本　1987-8　志村聡司
1985 年日本車輌製の 10t 機　当線は近江鉄道鳥居本駅から分岐していたが 1988 年に廃止された

大阪臨港線

D15-1　　　　　　　　浪速貨物駅　2005-8　田中信吾
1975 年日本車輌製　JR 大阪環状線貨物支線（通称大阪臨港線）で使われた

DB254　　　　　　浪速貨物駅　2005-8　田中信吾
1968 年日本車輌製の 25t 機

国見山石灰鉱業専用線（旧大阪セメント三重鉱業所専用線）

当線は三重県度会郡の石灰鉱山から吉津港まで結んでいた専用線で1979年に鉱山とともに大阪セメントから国見山石灰鉱業に譲渡された　かつては電気機関車が走っていたが1993年頃新日鐵から譲渡されたディーゼル機関車に代った　2001年にベルトコンベア化され廃止された　後部には推進運転用の乗務員室付の貨車が連結されていた

EF形1
海岸貯蔵所付近
1968-5
今井啓輔
もと南海EF1020で1922年高野工場製で片側の機器室が撤去されていた

ED2　1985-2　佐藤公亮
もと南海ED5109で1923年帝国車輌製

D-505
吉津港ー国見山鉱山　2000-7　坂戸宏太
1980年日本車輌製　新日本製鉄広畑から移籍したもの

いぶき 501　　近江長岡　1986-8　志村聡司
1956 年日立製作所で製造された 50t 機で“いぶき”と呼ばれていた　当鉄道は JR 西日本東海道本線近江長岡駅から工場まで延びていた 1999 年に廃止され当機は大井川鉄道に譲渡された

大阪セメント伊吹工場専用線

住友大阪セメント向日町サービスステーション

ラク - WI-10
向日町　2005-3　田中信吾
1974 年日本車輌製 35t 機　JR 西日本東海道本線向日町駅－住友大阪セメント間の輸送に使われた

北越紀州製紙
紀州工場専用線

DL-106　　鵜殿　2013-2　皆川雅彦
日本車輌製　当線は JR 東海紀勢線鵜殿駅から北越紀州製紙紀州工場まで延びていた

JFEスチール西日本製鉄所（福山地区）専用線

DD401　　　　　　　　東福山　2019-8　庭屋晶浩
1966年新潟鐵工製45t機　当線は製鉄所とJR貨物東福山駅を結ぶ

宇部興産伊佐セメント工場専用線

No.12　　　　　　　　美祢　2009-2　藤岡雄一
1980年日立製作所製45t機　JR西日本美祢線美祢駅から分岐する専用線で使用されていた

セントラル硝子宇部工場専用線

No.2　　　　　　　　宇部工場　2009-2　藤岡雄一
1974年三菱重工製35t機　JR西日本宇部線宇部岬駅から分岐する専用線で使用されていた

日本製紙岩国工場専用線

無番
岩国工場
2018-11
田中信吾
北陸重機製の45t機　当線はJR西日本山陽本線岩国駅から日本製紙岩国工場に至る

No. 18　　伯耆大山　2019-12　田中信吾
北陸重機製　当線は JR 西日本山陰本線伯耆大山駅から王子製紙米子工場へ延びている

No. 9　　伯耆大山　2019-12　田中信吾
1973 年日立製作所製の 25t 機

王子製紙米子工場専用線

大王製紙三島工場専用線

No. 1　　伊予三島　2018-5　田中信吾
1993 年北陸重機製 25t 機　2014 年王子製紙北王子から譲り受けたもの　当線は JR 四国予讃線伊予三島駅から出ている

No. 2　　伊予三島　2018-5　田中信吾
1971 年日本車輌製

三井鉱山セメント専用線

No. 4
田川工場　2002-9　田中信吾
1976 年日立製作所製　当線は平成筑豊鉄道の金田駅から田川市の三井鉱山セメント田川工場を結んでいたが 2004 年に廃止された

北九州市港湾局

DE651
和布刈　1983-8　佐藤公亮
1976 年三菱重工製の 65t 機
当線は国鉄鹿児島本線の貨物駅外浜から田野浦に至るものでもと田野浦公共臨港鉄道である
2008 年に廃止され現在はその一部が平成筑豊鉄道門司港レトロ観光線となっている

D353　黒崎　2017-11　田中信吾
1982 年新潟鐵工所製の 35t 機　当線は JR 九州鹿児島本線黒崎駅から出ていたが 2020 年に廃止された

三菱化学黒崎事業所専用線

ヤワ -W-1-11
三菱セメント黒崎工場　1969-3　大野眞一
1969 年新潟鐵工製の 25t 機　当線は国鉄鹿児島本線西八幡駅から出ていたが 1986 年に廃止された

三菱セメント九州工場専用線

貝島炭鉱専用線

23
六坑　1975-8　後藤文男
アメリカンロコモティブ製造
当線は国鉄宮田線筑前宮田駅から出ていたが 1976 年に廃止された

85ED-1形E8502
1983-8
佐藤公亮
1976年三菱重工製の電機　当線は日本製鉄が戸畑地区と八幡地区を結ぶために設けたもので電化されておりおもに電気機関車が牽引している

日本製鉄くろがね線

D4514　1983-8　佐藤公亮
日立製作所製の45t機　電機の引く貨物の最後尾でプッシュプルで使用

D442
西八幡　2017-11
田中信吾
1972年日立製作所製45t機

5 号機＋コハ 104 ＋ホハ 203　原万田ー大平　1984-3　志村聡司
5 号機は 1911 年製造　続く 2 両は職員輸送用客車で 1 両目のコハ 104 は 1948 年製造　2 両目のホハ 203 は 1950 年製造で国鉄 63 形電車と類似した車体をしていた

三井三池専用鉄道

18　宮浦　2008-5　寺田裕一
1936 年芝浦製作所製の 45t 機　当鉄道は三井三池炭鉱の石炭・従業員輸送に使用され 1997 年の石炭輸送廃止後も一部が三井化学専用線として残存したが 2020 年廃止された

5　三池港　1983-8　佐藤公亮
1908 年ゼネラルエレクトリック社製の 15t B 形機　うしろは 3 号機　ヤード内で入換えを担当した小形の L 形電機

無番　三池港　1983-8　佐藤公亮
架線検査・修理専用車

B-B形　1985-2　庭屋晶浩
16t機が除雪車を牽引　1984年昇圧し新しい電機が導入された

運炭列車　1982-8　庭屋晶浩
当鉄道は国鉄釧路駅から東に5kmほどの高台を走っていた運炭線で軌間610mm　坑口から釧路臨港鉄道の春採駅までを結んでいたが1989年に廃止された

太平洋炭礦釧路鉱業所専用線

工事用資材運搬用電機（6t機）
1982-8　佐藤公亮

工事用資材運搬用電機（6t機）
1982-8　佐藤公亮

東芝製の5号機（8t機）と人車　1982-8　庭屋晶浩

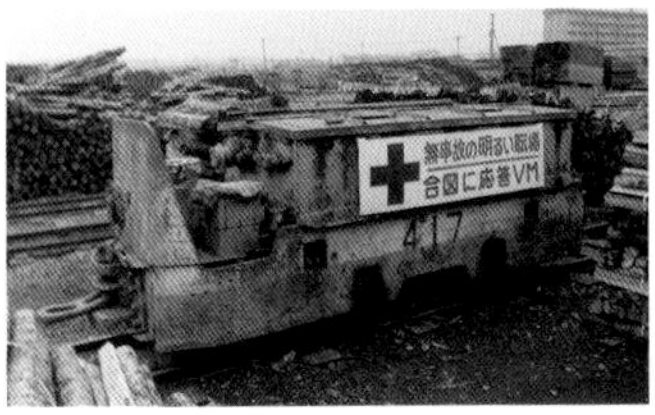

入換用バッテリーロコ
1982-8　佐藤公亮

ヤードに並んだトロッコ　2009-7　木村和男

坑内での掘削に使われた車両　1982-8　佐藤公亮

北炭幌内炭鉱

バッテリーロコ　1982-8　佐藤公亮
国鉄幌内線幌内駅の奥にあった炭鉱鉄道　かつては電化されていたがその後はバッテリーロコが活躍した　1989 年炭鉱閉山によって廃止された

鉱車　1982-8　佐藤公亮

三井石炭鉱業芦別鉱業所

日本輸送機製のディーゼル機関車　1982-8　佐藤公亮
三井芦別鉄道頼城駅に隣接した炭鉱　ディーゼル機関車が抗外で入換えをしていた　軌間 610mm　1992 年に炭鉱閉山により廃止された

変電所用汲取車　1982-8　佐藤公亮

住友石炭赤平炭砿

バッテリーロコ　1982-8　佐藤公亮
国鉄根室本線赤平駅に隣接した炭鉱　駅横のヤードで貨車の入換えを行っていた　軌間 610mm　1994 年に炭鉱閉山により廃止された

新宮商行釧路

ディーゼル機関車　1982-8　佐藤公亮
国鉄根室本線釧路駅の東方にあった木材防腐工場で入換えをしていた　現在丸瀬布いこいの森にいる

北炭新夕張坑沼ノ沢

1982-9　佐藤公亮
国鉄石勝線夕張支線沼ノ沢駅を積出し基地としていた炭鉱
沼ノ沢駅横にヤードが広がっていてバッテリーロコが貨車の入換えを行っていた

日鉄鉱業尻屋鉱業所

ディーゼル機関車　1986-9　佐藤公亮
下北半島尻屋崎にあった石灰石運搬軌道　軌間 762mm
1994 年に廃止された

E156　1984-8　岩切道郎
国鉄釜石線陸中大橋駅の北にあった大橋採鉱所の専用線で 762mm ゲージ　現在はバッテリーロコに代わっている

E6
1984-3
佐藤公亮

鉄原陸中大橋専用線

ディーゼル機関車　1984-3　佐藤公亮
国鉄釜石線陸中大橋駅にあった鉄原の入換機

新釜石鉱山軌道

E607
1984-3
佐藤公亮

日鉄鉱業赤谷鉱業所

電気機関車　1983-9　佐藤公亮

鉱車　1983-9　佐藤公亮
国鉄赤谷線東赤谷駅から出ていた軌間 610 mmの鉄鉱石運搬線

村樫石灰戸叶鉱山専用線

ディーゼル機関車　1983-10　佐藤公亮
東武佐野線葛生駅から北西 20km ほどにあった石灰石採掘のための専用線

住友セメント栃木工場専用線

ディーゼル機関車　上白石付近　1970-3　木村和男
東武の貨物線会沢線上白石駅から出ていた専用線で軌間 762mm　唐沢鉱山の採鉱所のホッパーで石灰石を積み込み栃木工場まで輸送したが 1997 年廃止された

鋼管鉱業武蔵白岩鉱業所

日本輸送機製 2t バッテリーロコ
1983-8　佐藤公亮
西武池袋線吾野駅から西に 10km ほどにあった石灰鉱山の採掘専用線で 762mm ゲージ　2015 年閉山

EL20　八茎鉱業所　1981-7　佐藤一郎
当所では住友セメント四倉工場へ納入する石灰石を採掘していたがその構内で使用されていた電気機関車　軌間 610mm　1985 年に廃止された

日鉄鉱業八茎鉱業所

EL103　1983-3　佐藤公亮
日本輸送機製 8t 電気機関車

EL151　1983-3　佐藤公亮
電気機関車

EL602　1987-8　田中信吾
バッテリーロコ

No. 2　1983-3　佐藤公亮
坑内への人車

No. 221
1983-3
佐藤公亮
鉱車

入川森林軌道

1983-8　佐藤公亮
秩父鉄道三峰口駅から西に10kmほどにあった森林鉄道　軌間762mm　東京大学農学部秩父演習林内に存在した　1969年に廃止されたが撮影時は発電所の工事のため一時復活した

中外鉱業清越鉱山

バッテリーロコ　1983-5　佐藤公亮
静岡県伊豆市にあった金山の専用線　軌間508mm

鉱車　1983-5　佐藤公亮

木曽森林鉄道

上松　1961
上野　巌
当鉄道は1916年に長野県木曽の国有林を運搬するために造られたもので1975年まで残っていた
この蒸気機関車は1915年アメリカ・ボールドウィン社で造られ現在も赤沢自然休養林で保存されている

松本製材

1985-2　佐藤公亮
愛知県旭町の製材工場で使われていた2軸ボギーのディーゼル機関車　軌間508mm
1994年廃止

立山砂防工事専用軌道

1983-9　佐藤公亮
当線は国土交通省北陸地方整備局立山砂防事務所が管轄する工事用軌道

人車　1983-9　佐藤公亮

ディーゼル機関車　1983-9　佐藤公亮

公開日にて　千寿ケ原　2000-6　坂戸宏太

No. 1　2019-12　田中信吾
松山重車輌工業製

No. 5　2019-12　田中信吾
松山重車輌工業製　2019 年に尼崎製造所 100 周年のラッピングが施された

日本製鉄尼崎製造所専用線

日本製鉄尼崎製造所の構内輸送に使われるトロッコ軌道

P 形No. 587
2019-12　田中信吾
鋼管を運搬

住友金属工業
関西製造所

No. 5
1983-12　佐藤公亮
国鉄桜島線安治川口付近にあった工場の資材運搬線
一般道路を横断するところもあったが 1987 年に廃止された

客車“くろがね号”　1984-2　佐藤公亮
国鉄播但線新井駅から西に10km程にあった錫鉱山の専用線で軌間762mm　乗車賃一円であることから“一円電車”と名付けられた　1987年に廃止された

2
1984-2　佐藤公亮
電気機関車

明延鉱業所

坂越大泊鉱山

バッテリーロコ
1984-2　佐藤公亮
国鉄赤穂線坂越駅から東に3km程にあった金山の鉄道　1974年に廃止された

四国鉱発

UDL112B No.105　　　　　　　　1983-2　佐藤公亮
日本車輌製 12t 機　高知市内から北に 10km ほどにあった石灰山の石灰運搬鉄道

加藤製作所製ディーゼル機関車　　　　　　1983-8　佐藤公亮
長崎港から船で 30 分位のところにあった高島の炭鉱鉄道　軌間 610mm1986 年炭鉱閉山によって廃止された

No.5　　　　　　　　　　　　　1983-8　佐藤公亮
北陸重機製ディーゼル機関車

三菱石炭鉱業高島礦業所

三井三池炭鉱三川坑

No.25　　　　　　　　　　　　　1983-8　佐藤公亮
三池鉄道三川港駅から出ていた採炭線

No.26　　　　　　　1983-8　佐藤公亮

バッテリーロコ　1983-8　佐藤公亮
長崎県西彼杵半島の西 7km 程にあった池島の採炭線　軌間 610mm　2001 年に廃止されたが一部が観光軌道として残っている

松島鉱山池島炭鉱

ディーゼル機関車　1983-8　佐藤公亮
国鉄後藤寺線船尾駅に隣接した石灰山の工場で貨車の入換えを行っていた

三菱鉱山船尾

大分鉱業徳浦運搬線

国鉄日豊本線津久見駅から西 5km 程のところにあった石灰石の運搬専用の下部線で直流 600V 電化されていた　上部線から掘り出された石灰を徳浦港まで運搬していたが 2000 年にベルトコンベア化され廃止された

ED201　1983-8　佐藤公亮

日立製作所製の貨車　1983-8　佐藤公亮
運転台があり機関車を遠隔操作できた

日立製作所製の電気機関車　1983-8　佐藤公亮
津久見の石灰山胡麻柄山の中腹にある上部線で軌間 762mm　直流 600V　ここで下部線に石灰を落としていた上部線は今も活躍している

日鉄鉱業津久見鉱業所

日本輸送機製 15t ディーゼル機関車　1983-8　佐藤公亮
国鉄日豊本線津久見駅から西 2km 程のところにあった石灰石の運搬鉄道で軌間 610mm　かつては港までの路線もあったが 1981 年に廃止された

安房森林軌道

屋久島　2006-11　小林尚智
写真のガソリンカーは２軸で前輪をチェーン駆動　後輪にブレーキが装備されている　後ろの貨車とは永久連結

当軌道の敷設は1921年から始められ1923年に安房から小杉谷に至る約16kmが完成　その後奥部へ延伸され全長26.1kmに達した　当初は空車の押上げに人力や畜力(牛馬犬)を利用していたが1926年にホイットカム・ガソリン機関車がその後デイーゼル機関車が導入された　軌間762mm　当軌道による木材運搬は1969年に終了し小杉谷事業所も翌年閉山された
現在は荒川登山口から下流は発電所のメンテナンスのため屋久島電工が管理しており荒川から先4.5kmを屋久島森林管理署が登山道の管理のため運営している　わが国唯一の現役の森林鉄道

屋久島　1983-7　佐藤公亮
屋久島電工 5-D-5 牽引

5-D-5　1983-7　佐藤公亮
屋久島電工のディーゼル機関車　北陸重機製 5t 機

モーターカー　屋久島荒川　2015-1　寺田裕一
屋久島電工所有で北陸重機製

第１巻 国鉄・ＪＲ編

定価　本体 3800 円＋税
ISBN4-7731-0002-8 C0065

第２巻 大手私鉄・地下鉄編

定価　本体 2600 円＋税
ISBN978-4-7731-0004-4 C0065

第３巻 地方私鉄編

定価　本体 3000 円＋税
ISBN978-4-7731-0008-2 C0065

あとがき

2005年に第1巻を出してから16年でようやく本シリーズを完結することができました．出来上がってみれば全4巻で合計840ページの大事典となりました．今まで鉄道車両を色から見た本というものはなかったかと思いますので，鉄道車両研究に新しい材料をご提供できたかと自負しております．

この第4巻では第1巻から第3巻までに収録できなかった第三セクター鉄道・路面電車・専用線の車両を網羅し，全4巻を合わせますとケーブルカー，ロープウェイ，モノレール，新交通システムを除く日本の鉄道車両すべての色の歴史が分かるようになっています．

第三セクター鉄道は国鉄民営化により急増し雨後の筍のごとく全国各地にさまざまな車両が誕生しました．これらの多くは同じ形式でも1両ごとに色が異なっており，また頻繁に塗色変えを行っていますのですべてを網羅することはできませんでしたが，熱心な三セク詣でをする会員に支えられほとんどを掲載することが出来ました．

路面電車は今では広告電車が多くなり，もとの色を探すのが難しくなってきました．特に過去の路面電車はカラーで撮っている者があまりいなく残念ながら網羅できていません．カラーフィルムが高価であったこと，蒸気機関車の全盛期には路面電車にはあまり目もくれなかったことなどもあり，東京以外の大都市はあまり集まりませんでした．

専用線については若い会員が熱心に追いかけており，意外にも多くが集まりました．なかでも炭鉱などのトロッコを追いかけている者がおり，ほとんど未知の車両が掲載できました．これらはニッチな分野であまりカラー写真は発表されていませんので貴重な資料となったかと思います．

車両の塗色変更についてはあまり記録に載っておらず，いつからこの色になったかわからないものもたくさんあり，資料的に不十分であることをお許しください．会員から出された写真の中にはデータが書かれていないものが多数あり，割付をした後にメールや手紙で問い合わせをするなどかなり手間のかかる仕事でした．

全4巻を通してみると鉄道車両の色は，昔は塗装によるものだけでしたが，その後ステンレスカー・アルミカーの登場により無塗装となった時代から，近年はラッピングという新しい手法により塗装では表現できない複雑な塗分けや窓ガラスまで車体色が延長された車両が登場する時代となるなど感慨深いものがあります．

コロナ禍で外出制限され，家にいる時間が長くなったので，編集作業はかえってスピードアップでき何とか目標の日に発刊することができました．最後に，印刷については気生堂印刷所株式会社の皆さんに．また販売については株式会社交友社の皆さんに大変お世話になりました．この場を借りまして厚くお礼申し上げます．

参考文献
鉄道ファン・鉄道ジャーナル・鉄道ピクトリアル・レイルマガジン・全国軽便鉄道・全国鉱山鉄道・全国森林鉄道・知られざる鉄道・知られざる鉄道Ⅱ・乗れない鉄道をゆく

写真撮影者一覧
浅原信彦・安藤　誠・井上忠夫・今井啓輔・今西　泉・岩切道郎
岩沙克次・岩本秀治・上野　巌・太田正行・大野眞一・岡崎利生
荻原俊夫・梶山正文・加藤　湊・亀井秀夫・亀山雄高・川西博勝
紀伊国　啓・北川将吾・木村和男・後藤文男・後藤宗隆・小林尚智
小山　明・斎藤　晃・坂戸宏太・阪部一夫・佐藤一郎・佐藤公亮
佐藤佳昭・清水　武・志村聡司・鈴木浩一・鈴木重久・鈴木洋平
隅田　衷・高井薫平・竹中寿人・田中信吾・丹下昭英・千葉健太
寺田裕一・西明義裕・庭屋晶浩・長谷川進吾・林　嶢・藤岡雄一
文藏正弘・松本幸久・皆川雅彦・村松　功・森　邦明・矢崎康雄
矢放幸一・山田　亮・山田信一・由上啓一・吉村光夫

編集スタッフ
亀井秀夫・田中信吾・寺田裕一・藤岡雄一

編集総括・レイアウト・ＤＴＰ
後藤文男

鉄道車両色見本帳 4　第三セクター鉄道 路面電車・専用線編

発　行　2021年3月25日

発行者　鉄 研 三 田 会

発売元　株式会社　交　友　社
〒113-0021　東京都文京区本駒込6－7－11
ＴＥＬ 03-3947-1100

印　刷　株式会社気生堂印刷所

定　価　本体3200円＋税

ISBN978-4-7731-0009-9 C0065